Le séisme
sous toutes ses coutures

Samuel Auclair
dessins d'Éric Appéré

Le séisme

sous toutes ses coutures

Les dessous d'une terre en mouvement

L'Harmattan

5-7, rue de l'Ecole-Polytechnique, 75005 Paris

http://www.editions-harmattan.fr

ISBN : 978-2-343-18454-8
EAN : 9782343184548

Sur la ligne d'enregistrement,
il n'est qu'un tremblotement,
une hésitation d'écriture, pas plus.

Le Petit Dauphinois Républicain reportant le séisme de Chamonix du 29 avril 1905

1 Introduction

Chacun garde en mémoire les images terribles en provenance d'Haïti, montrant un pays à terre après qu'un séisme de magnitude 7 ait détruit en quelques secondes des dizaines de milliers d'habitations, causant la mort de centaines de milliers de personnes (les estimations varient entre 100 000 et 300 000). C'était le 23 février 2010, il y a presque dix ans, mais les stigmates du séisme sont encore bien visibles dans les rues de Port-au-Prince.

Autres latitudes, autres drames, mais encore des images impressionnantes qui ont fait le tour du monde : en 2004 en Indonésie, un puissant séisme provoqua un tsunami géant qui fit plus de 200 000 victimes en déferlant sur les côtes, majoritairement sur l'île de Sumatra, mais également sur tout le pourtour de l'océan Indien et ce jusqu'en Tanzanie. Le 11 mars 2011, le Japon, pays en pointe s'il en est en matière de protection vis-à-vis des séismes, se fit surprendre par un séisme d'une magnitude exceptionnelle de 9,1, et plus encore par le tsunami qui s'en suivit avec une intensité que les pires scénarios n'avaient pas envisagée : des vagues atteignant jusqu'à une trentaine de mètres de hauteur submergèrent les digues de protection et se propagèrent sur des dizaines de kilomètres à l'intérieur des terres. Triste illustration du fameux « effet domino », l'épilogue de ce séisme aux 20 000 victimes fut l'accident nucléaire de la centrale de Fukushima...

Plus récemment encore, la séquence sismique qui frappa l'Italie centrale entre le mois d'août et le mois de novembre

2016 nous porta également son lot d'images de villages en ruines, avec non plus des habitats de fortune ou des temples japonais, mais des églises, des maisons et autres châteaux, si semblables à ceux que l'on croise chez nous, en France. Et 2016 ne représente que le dernier épisode d'une série interminable de puissants séismes qui frappent nos voisins italiens après 2012 en Emilie-Romagne, 2009 dans les Abruzzes, 2002 à Molise, 1997 en Ombrie et dans les Marches, etc.

Le risque sismique se rapproche, mais semble épargner la France, au point de faire s'insurger quelques édiles contre des normes parasismiques jugées inutiles, prenant concitoyens, journalistes et parlementaires à témoins : « Avez-vous mémoire, vous, du dernier séisme destructeur survenu chez nous ? » Mais absence de preuve n'est pas preuve de l'absence, et cet argumentaire peut pour le moins être considéré comme étant un peu « léger », sans doute teinté de démagogie et manquant à coup sûr du recul historique nécessaire. C'est que, si le séisme frappe fort et en quelques secondes seulement, il lui faut en amont du temps pour se préparer : des années dans les régions très actives, mais jusqu'à des dizaines voire des centaines d'années dans les régions qui ont la chance – comme la France métropolitaine – d'être moins actives. Le lecteur curieux n'aura qu'à consulter la base de données des séismes historiques SISFRANCE pour se convaincre de la réalité du phénomène en France, puisque chacune des 365 journées de notre calendrier est l'anniversaire d'un séisme notable ayant affecté notre territoire par le passé. Remontons donc le temps pour montrer que les mêmes scènes vues dans nos journaux aux pages « internationales » pourraient demain être en une de la presse régionale et nationale :

- 1967 : le village pyrénéen d'Arette est en grande partie détruit par un séisme. Le bilan quasi miraculeux d'une seule victime aurait pu être effroyable si de premières secousses de moindre intensité n'avaient pas poussé la population dehors.

- 1909 : la Provence est ravagée par un séisme dont l'épicentre est situé près de la commune de Lambesc. L'on déplore 48 victimes décédées et la destruction d'innombrables bâtiments à Lambesc, Rognes, Salon de Provence, Aix-en-Provence... Les secousses sont ressenties dans une vingtaine de départements et jusqu'en Italie et en Espagne.
- 1839 et 1843 : Les Antilles – territoire français le plus exposé au risque sismique – ne sont pas en reste puisque la Martinique et la Guadeloupe sont, à quelques années d'intervalle, successivement dévastées par deux violents séismes qui laissèrent derrière eux des milliers de victimes.

La dangerosité du phénomène étant établie, connue et ici rappelée, il convient de s'interroger d'une part sur ce que cela implique (Comment nous en protéger ? Comment apprendre à vivre avec ?), et d'autre part sur la manière dont cette dangerosité mobilise notre attention tout entière au point de nous empêcher de considérer d'autres aspects des séismes : Comment et pourquoi se produisent-ils ? De quels phénomènes naturels plus larges sont-ils les témoins, les manifestations visibles ? La Terre est-elle la seule à trembler ? Pourrions-nous seulement vivre sans séismes ? Etc. De même que derrière un criminel l'avocat cherchera à remettre les événements dans un contexte, à identifier des circonstances atténuantes, à dresser des perspectives, tâchons ensemble dans ce livre de chercher – non pas des excuses aux drames des vies arrachées par les tremblements de terre – mais des points de vue moins tranchés, des responsabilités peut-être partagées où l'homme aurait sa part à prendre, voire des opportunités offertes...

2 Le Phénomène sismique

2.1 Pourquoi la Terre tremble ? Explications d'hier et d'aujourd'hui

Un rapide coup d'œil à nos journaux suffira à nous en convaincre : à tout malheur – grand ou petit – il faut son responsable ! Catastrophe par excellence, capable de raser des villes entières en quelques minutes, et de marquer le déclin de civilisations, les séismes n'ont donc pas échappé à la règle, et de nombreuses hypothèses ont été élaborées au fil des siècles pour en expliquer la cause… avec plus ou moins de succès.

L'Antiquité place les séismes au rang de phénomène naturel

Bien que de l'eau ait coulé sous les ponts depuis la Grèce Antique, et qu'à Athènes comme ailleurs les modes de vie ont quelque peu changé, le phénomène sismique a pour sa part relativement peu évolué depuis 2 500 ans. Aussi, les séismes étaient-ils déjà suffisamment fréquents et destructeurs pour inquiéter les citoyens grecs, dont la culture populaire convoquait volontiers les dieux de l'Olympe pour expliquer tel ou tel nouveau tremblement de terre. En particulier, les sautes d'humeur de Poséidon – le très colérique et susceptible dieu des mers et « ébranleur de la terre » – étaient réputées constituer l'une des causes principales des séismes. Mais d'autres candidats tenaient également la corde : ainsi, les secousses sismiques ressenties autour de l'Etna étaient logiquement imputables aux nombreuses (et infructueuses) tentatives d'évasion du géant Enceladus qui avait été emprisonné sous le volcan par Athéna, tandis que les changements de position du pauvre titan Atlas secouaient immanquablement la Terre qu'il portait sur ses épaules.

Mais les philosophes grecs, qui avaient pour louable ambition de comprendre la nature par l'observation et la logique, ne se satisfaisaient guère de ces mythes païens. Avec méthode et précision, ils accumulèrent rapidement de nombreuses observations relatives aux séismes et à leurs effets : observations singulières qu'ils se mirent en devoir d'expliquer par des théories selon la démarche de « l'induction », ou de l'art de chercher des causes rationnelles à des manifestations telluriques mystérieuses. À cet exercice, il est aisé de raisonner par analogie, en imaginant des théories reprenant des principes observés dans notre expérience quotidienne. Reprenant l'image d'un bateau malmené sur une mer déchaînée, le savant et philosophe Thalès (VIe siècle avant J.-C.) postula l'idée de terres flottant sur des eaux parfois agitées par des tempêtes souterraines. D'autres penseurs grecs osèrent pour leur part conjecturer un lien direct entre séismes et météorologie (nous y reviendrons plus longuement au chapitre 2.6) : sécheresses ou au contraire fortes pluies et inondations étant susceptibles de provoquer, pour les uns de profondes fissurations, et pour les autres des effondrements de terres gorgées d'eau, mais avec dans les deux cas l'immanquable conséquence de déclencher des séismes. Quel est le point commun entre toutes ces tentatives d'explication des séismes ? Le recours constant aux éléments : l'eau, l'air, le feu, la terre.

En la matière, nous devons la théorie la plus fameuse à Aristote (IVe siècle avant J.-C.) – l'une des théories ayant eu la plus grande longévité de l'histoire des sciences (près de 2 000 ans !), qui tenta d'expliquer l'origine de séismes par un principe unique : celui du *pneuma*, sortes de vents secs générés à la fois par la chaleur interne de la Terre (le « feu interne ») et par le Soleil qui, s'engouffrant et se concentrant dans d'immenses cavernes souterraines, y provoqueraient des effondrements terribles. Les philosophes de l'Empire romain s'en tinrent pour leur part à la discussion et au raffinement des théories de leurs aînés, sans y apporter beaucoup de nouveauté.

De l'obscure tutelle divine médiévale aux lumières des philosophes

Prenant le contrepied parfait de la démarche « d'induction » des philosophes grecs, la période du Moyen-Âge eut plus volontiers recours à la démarche de la « déduction » consistant à imposer la théorie comme point de départ, puis à en tirer les fils pour dresser des conclusions sur l'origine des séismes. A cette époque toute puissante en Occident, l'Eglise plaçait quant à elle comme seule et unique théorie valable celle du divin. Dès lors, seul importait de trouver les arguments (et accessoirement quelques observations) venant confirmer que les séismes sont des punitions divines infligées par le Créateur aux populations pécheresses ou insuffisamment pieuses. L'on se contentait alors le plus souvent de consigner la survenue de nouveaux séismes, mais sans se donner la peine d'en chercher les causes, les savants étant alors, il est vrai, peu incités à trouver des explications rationnelles dans des temps agités où il n'était pas bon d'être taxé d'hérésie. En Italie, ce point n'échappa d'ailleurs pas à l'évêque de Brescia qui crut bon, au IVe siècle, de déclarer comme hérétique le fait même de chercher des causes naturelles aux séismes ! Cela n'empêcha cependant pas quelques esprits libres de s'intéresser au sujet et d'y consacrer leurs travaux, mais le plus souvent pour réhabiliter et remettre au goût du jour la théorie d'Aristote.

Progressivement, l'idée émergea que puissent coexister deux types de séismes : les séismes « naturels » explicables par les lois de la nature, et les séismes « miraculeux » dépendant de la seule volonté divine (mais aussi de l'Eglise, du roi, etc.). Il ne s'agit là en fait que d'une timide ouverture de l'Eglise, puisque Dieu est encore au Moyen-Âge supposé avoir pouvoir sur toute chose, y compris sur les lois naturelles elles-mêmes…

Il faut donc attendre le XVIIIe siècle pour que la science réinvestisse la question de l'origine des séismes : plus précisément grâce au séisme du 1er novembre 1755 qui ravagea Lisbonne. Celui-ci constitua un véritable électrochoc, et marqua un tournant dans la perception du phénomène sismique. Ressenti dans une grande partie de l'Europe occidentale, ce séisme, et la catastrophe qu'il a causée, suscitèrent alors l'intérêt des savants et des philosophes. Les auteurs du *Journal historique, géographique, et physique de tous les Tremblements de Terre et autres événements arrivés dans l'Univers pendant les Années 1755 et 1756* furent catégoriques : « Les matières sulfureuses et bitumineuses venant à fermenter après avoir été longtemps resserrées et retenues, auront causé des feux souterrains qui, ne trouvant pas d'issues libres, ont étrangement raréfié l'air des conduits intrinsèques, soulevé la terre par des violentes raréfactions et causé des secousses. » Voici donc une affaire réglée dans la droite continuité de la pensée d'Aristote (encore lui). Mais la catastrophe suscita également une vive polémique entre deux célèbres philosophes des Lumières. Voltaire, dans son *Poème sur le désastre de Lisbonne* (1756), déplora pour sa part « la cruauté du sort », et expliqua que « Dieu s'est vengé ». Dans une lettre datée de la même année, Rousseau critiqua violemment le point de vue de son rival philosophe : seul l'Homme est responsable du lourd bilan humain et matériel puisque « la nature n'avait point rassemblé là vingt mille maisons ». Indépendamment de l'origine des séismes, une idée nouvelle fait donc son apparition : l'Homme pourrait avoir une responsabilité directe dans les catastrophes naturelles !

Cette brèche de taille dans le dogmatisme chrétien, qui avait mis en sommeil prolongé toute velléité d'explication scientifique du phénomène sismique, ne fit cependant pas cesser les nombreuses processions religieuses menées inlassablement pour implorer la clémence de Dieu. Dans son ouvrage consacré au séisme de Lisbonne[1], Jean-Paul Poirier livre ainsi qu'il était alors « de bon ton de se donner un protecteur contre les tremblements de terre futurs » : ce fut ainsi de manière assez arbitraire que Saint François Borgia fut par exemple désigné protecteur contre les séismes de la ville de Lisbonne au Portugal, mais aussi de Naples en Italie, ou encore de Valence en Espagne. Une mesure parasismique à l'efficacité contestable, que le Premier ministre portugais de l'époque eut la clairvoyance de doubler de mesures architecturales pour réduire la vulnérabilité de sa capitale… On n'est jamais trop prudent.

Après 2 000 ans, la théorie du maître Aristote enfin dépassée par celles de ses élèves

Dès lors, c'est la course « rationaliste » à la théorie qui sera capable d'expliquer l'existence des séismes par des lois naturelles. Mais comme il est parfois difficile de se défaire de

[1] Jean-Paul Poirier, *Le Tremblement de terre de Lisbonne*, Paris, Odile Jacob, 2005, 288 p.

la tutelle rassurante de nos aînés ! Surtout quand cet aîné est aussi prestigieux qu'Aristote ! Ainsi, la météorologie fut par exemple associée aux séismes jusqu'au début du XXe siècle, comme le montre l'exemple du séisme qui secoua la vallée de Chamonix le 29 avril 1905, suite auquel un article de la presse régionale attira l'attention de ses lecteurs sur le fait que « le temps orageux de ces jours derniers était sans doute un pronostic de ce phénomène ». Mais, comme en Grèce dans l'Antiquité, la météorologie n'était alors pas la seule candidate sur les rangs. Sur ce même événement, un journal jurassien invoqua pour sa part, dans son édition du 3 mai 1905, des causes telluriques : « Dans les intimités de la croûte terrestre (...) l'égouttement des eaux, la poussée de gaz, les réactions mécaniques, thermiques, électriques, magnétiques, etc., doivent nécessairement provoquer sans trêve (...) des dislocations, des effondrements, des fissurations, qui ne sont pas sans retentir, parfois sous une forme dramatique, à la surface ». Pour ne pas être en reste, le journal de la Vallée d'Aoste supposa quant à lui une source volcanique pour ce séisme : « On croit que la secousse soit partie des montagnes de l'Auvergne, pleines de volcans » (5 mai 1905). Et l'abbé Moreni de l'Observatoire de Bourges de prendre de la hauteur en cherchant la réponse dans le ciel : « L'activité solaire était l'annonce de profondes perturbations terrestres et (…) elle devait nécessairement coïncider avec des tremblements de terre » (journal d'Alsace-Lorraine daté du 2 mai 1905). Rien ne va plus : faites vos jeux !

Mais revenons un peu en arrière, avec l'intuition visionnaire du géologue anglais Robert Hooke qui, au début du XVIIIe siècle, émit l'hypothèse que les séismes pouvaient être en partie responsables de la formation des montagnes. À défaut de statuer sur le comment et le pourquoi, ce sont donc les géologues qui, entre le XVIIIe et le XIXe siècle, contribuèrent à mieux comprendre ce qu'est un séisme : une rupture brutale et la mise en mouvement soudain des deux blocs d'une faille. Il s'agit donc de cassures dont l'énergie se propage comme l'onde sur le lac après qu'un caillou y ait été lancé. Les secousses sont généralement plus marquées à proximité de la faille, et s'atténuent avec la distance.

Oui, mais pourquoi cassent-elles, ces fameuses failles ? Effet de mode oblige, l'électricité est un temps évoqué au milieu du XVIIIe siècle (dans un pareil exercice, peut-être invoquerions-nous aujourd'hui les perturbateurs endocriniens, le réchauffement climatique ou autres réseaux sociaux ?). Puis les phases lunaires, etc.

Alors que de savants passionnés consignaient avec toujours plus de précision leurs observations liées, de près ou de loin, aux séismes qui surviennent aux quatre coins du globe, un nouvel outil fit son apparition à la fin du XIXe siècle : le « séismographe », qui permet d'enregistrer les mouvements du sol et d'étudier la propagation des ondes sismiques. Ce nouvel instrument de haute technologie suscita de grands espoirs quant à la progression de la compréhension du phénomène sismique. Le début du XXe siècle coïncida également avec un changement de perspective : il s'agit désormais de comprendre les mécanismes généraux à l'œuvre dans le globe, responsables de l'accumulation de contraintes le long des failles et donc des séismes. La réflexion porta un moment sur la Terre qui se refroidit, se ratatine sur des millions d'années et se fractionne en de grandes failles.

Intrigué notamment par le surprenant emboîtement des pièces de puzzle que constituent les différents continents, Alfred Wegener introduisit en 1912 l'idée d'une possible « dérive des continents ». D'abord copieusement moquée, cette idée revint sur le devant de la scène dans une version enrichie connue sous le nom de « tectonique des plaques », et qui fut finalement acceptée dans les années 1960. Que dit-elle, cette fameuse théorie ? Qu'à l'image de l'eau en ébullition où se forme des remous, l'intérieur surchauffé de la Terre est sujet à de grands mouvements de convection (au sein du *manteau*) qui lui permettent d'évacuer continuellement la chaleur vers l'extérieur, mouvements qui fragmentent la fine peau de la Terre (ou *lithosphère*) en de multiples plaques qui se déplacent les unes par rapport aux autres, se frottant, se collisionnant, se fracturant, et occasionnant dans cette immense bousculade d'innombrables séismes.

Voici, à peu de choses près, la représentation que nous avons aujourd'hui de l'origine des séismes, et plus généralement de l'objet Terre, et que les scientifiques ne cessent d'explorer avec de plus en plus de détails. Pour autant, bien que la théorie de la tectonique des plaques soit aujourd'hui universellement adoptée par la communauté scientifique, des croyances ancestrales se perpétuent, et il n'est pas rare d'entendre encore l'invocation de punitions divines pour expliquer la survenue d'un séisme destructeur : probablement l'Homme a-t-il encore besoin de se rassurer face à des phénomènes naturels dont la puissance le dépasse.

2.2 Les séismes, plus visibles qu'ils n'y paraissent dans nos paysages

Correspondant à la libération brutale d'énergie au niveau de failles, les séismes constituent une manifestation visible de la tectonique des plaques, des soubresauts d'une activité tellurique qui façonnent nos paysages. Séismes et paysages sont donc intimement liés, y compris pour des territoires tels que la France métropolitaine où le risque sismique demeure modéré. La compréhension de cette relation – parfois complexe – y est particulièrement importante pour mieux identifier les zones à risque, en ayant accès à la mémoire géologique de la sismicité. Avoir conscience que les séismes – mais plus encore les failles – laissent des traces visibles dans notre environnement peut permettre à chacun de pouvoir regarder les paysages avec un regard différent.

Reliefs, failles et séismes

Au gré du mouvement relatif des plaques lithosphériques les unes par rapport aux autres, et de leurs collisions, écartements ou coulissages, apparaissent des failles : cassures profondes qui peuvent s'étendre sur des centaines de kilomètres. Parce qu'elles ne sont pas parfaitement lisses, ces failles sont en temps normal bloquées par d'importantes forces de frottement, ce qui a pour conséquence d'entraver leurs mouvements naturels et ainsi d'accumuler progressivement de grandes quantités d'énergie. Lorsque la limite de résistance des roches est atteinte, cette énergie lentement accumulée – parfois pendant plusieurs milliers d'années – se retrouve soudain libérée, et s'échappe sous forme de chaleur, de déplacements des blocs et d'ondes sismiques : c'est ce que l'on appelle un séisme !

Après un brusque déplacement, les deux blocs de la faille retrouvent rapidement un nouvel équilibre, et le mouvement est à nouveau bloqué. La succession de ces différentes étapes constitue le *cycle sismique* (le terme de « cycle » sous-entendant clairement que l'opération est appelée à se reproduire inlassablement). Notons toutefois que, de la même manière qu'après un réveil nocturne l'on tourne généralement dans son lit avant de trouver LA position qui nous permettra de retrouver le sommeil, les failles ont, après un séisme, pour fâcheuse habitude de tester différentes configurations plus ou moins stables avant de se bloquer pour de bon. Cette recherche infructueuse de stabilité se traduit par de nombreuses répliques.

En fonction de la manière dont les contraintes se sont accumulées, l'on distingue trois grands types de failles dont les expressions dans le relief sont très différentes : les failles *normales*, *inverses* et *décrochantes*. Imaginez la collision frontale entre deux voitures lancées à pleine vitesse : l'une et l'autre se déformeront – se « raccourciront » même du fait du choc –, et l'expérience malheureuse montre que l'un des deux véhicules pourra parfois chevaucher l'autre. Nous avons là une représentation assez fidèle de ce qu'est une faille *inverse*, à ceci près que ces « failles automobiles » font autrement plus de morts dans le monde que les séismes. La faille *normale* peut quant à elle être vue comme le dépannage de nos véhicules accidentés, tirés chacun en un sens opposé par des dépanneuses. Supposons enfin que les deux voitures arrivent finalement à éviter le choc frontal mais se touchent sur leurs ailes sur toute leur longueur : nous voilà avec beaucoup de tôle froissée et une belle faille *décrochante*.

Ainsi, les failles *inverses* sont caractéristiques des chaînes de montagnes, alors que les failles *normales* se retrouvent principalement dans les régions « amincies », comme les dorsales océaniques et les rifts continentaux. A l'inverse, les failles *décrochantes* ne conduisent généralement pas à la formation de reliefs très marqués, et se traduisent par des mouvements horizontaux peu visibles dans le paysage. Notons toutefois qu'à l'instar des accidents de la route, la réalité des failles n'est pas aussi simple, et qu'un séisme peut très bien résulter d'une faille *normale* ou *inverse*, mais en ayant également une « composante » *décrochante*.

En pratique, il est rare qu'un séisme crée à lui seul des reliefs marqués. Ainsi, lorsqu'à l'occasion de séismes majeurs l'on peut parfois observer l'apparition de décalages (ou *rejets*) verticaux de plusieurs mètres, la plupart des séismes ne se traduisent que par des déplacements verticaux en surface limités, compris entre zéro et dix centimètres. Ce n'est donc pas le séisme seul, mais la succession de séismes sur une même faille et l'addition des glissements sismiques correspondants, qui peuvent être visibles dans un paysage.

Relief : un combat continu entre tectonique et érosion

Le relief doit par conséquent être considéré comme la résultante de déformations cumulées sur de longues périodes de temps. Dès lors, la tectonique, qui tend à augmenter le relief, est mise en concurrence avec le processus d'érosion qui tend à l'inverse à l'aplanir. Ainsi, en fonction, d'une part de la fréquence et de l'ampleur des séismes qui accentuent le relief par à-coups, et d'autre part de la force de l'érosion qui nivelle en continu les reliefs, un paysage gardera ou non une trace visible de son histoire sismique.

Même si ce « combat » tectonique/érosion dépend lui-même de nombreux facteurs (type et niveau d'activité des failles, climat, géologie, etc.), les failles les plus visibles dans le paysage sont souvent également les plus actives. Les autres failles peuvent quant à elles sembler inactives à l'échelle de plusieurs milliers d'années, car leur expression morphologique est atténuée, voire même effacée. En effet, faute d'activité tectonique régulière pouvant donner lieu à des séismes, les reliefs d'origine tectonique s'érodent au point de ne plus pouvoir être identifiés directement dans le paysage.

Pour autant, une faille peut continuer à influencer le modelage de paysages même lorsqu'elle n'est plus visible. En déplaçant les blocs des failles les uns par rapport aux autres, la tectonique peut par exemple mettre en contact différents types de formations géologiques de part et d'autre du *plan de faille*, aux caractéristiques parfois très différentes. Grâce aux ascenseurs géologiques que sont les failles *normales* et *inverses*, des formations rocheuses magmatiques très dures peuvent ainsi être remontées des profondeurs pour être mises en contact de formations sédimentaires meubles. Selon qu'une formation sera plus ou moins dure que sa voisine, celle-ci aura ensuite tendance à être érodée plus lentement ou au contraire plus rapidement, créant ainsi des reliefs très contrastés de part et d'autre du tracé de la faille. C'est dans ce cas l'érosion « différentielle » qui permet de repérer dans le paysage la présence d'une faille. Ainsi en est-il par exemple de la faille de la Moyenne Durance, qui délimite, à l'est, le vaste plateau de Valensole constitué de roches sédimentaires relativement tendres, et à l'ouest, des collines et massifs montagneux constitués de roches plus dures.

Quelques clés pour voir et deviner ces failles qui nous entourent

À moins d'avoir une appétence prononcée pour la géologie, il n'est cependant pas si aisé pour un observateur amateur de détecter la marque de failles tectoniques dans le paysage qui l'entoure. À bien y regarder, les failles sont pourtant de nature peu discrète et laissent souvent derrière elles de nombreux indices de leur présence, certains visibles depuis le plancher des vaches, et d'autres depuis l'espace. La carte topographique ou les images satellitaires mises à disposition du randonneur par une célèbre société californienne peuvent déjà nous attirer l'œil : Que sont ces grandes lignes droites autour desquelles s'organise un relief accidenté ? Probablement la trace en surface de segments de failles. Et que dire de ce lit de rivière très rectiligne, où dont le cours marque soudain un virage prononcé et anguleux avant de reprendre sa direction initiale ? Sans doute un guidage strict ou une déviation imposée par une faille. Etc.

Notons que les cartes géologiques offrent même aux plus néophytes d'entre nous un avantage déloyal par rapport aux cartes topographiques : si les traces des principales failles connues qui y sont signalées peuvent ne pas attirer votre regard, les contrastes colorés francs, rectilignes comme tracés au couteau, ne pourront en revanche pas vous échapper. Il s'agit de changements abrupts de nature des roches présentes sous nos pieds, dont la juxtaposition est généralement le signe de la présence d'une faille.

Une préparation consciencieuse sur carte n'est cependant pas requise pour pouvoir déceler ces indices sismiques. Pour peu que vos yeux se posent de temps à autre sur les roches qui les entourent, vous aurez probablement déjà observé des parois rocheuses, ou de simples pierres au sol, couvertes de stries bien parallèles. A moins qu'il ne s'agisse de traces laissées là par d'anciens glaciers, il est fort possible que vous ayez eu sous les yeux les « griffures » que les deux parois d'une faille se sont mutuellement laissées lors de leur glissement. Un œil expert pourra même déduire de ces stries le sens du mouvement de la faille ainsi que le type de faille : les petits espaces vides ouverts par l'éloignement relatif des blocs d'une faille normale auront par exemple tendance à être colmatés par la cristallisation de minéraux, alors que la pression exercée le long d'une faille inverse aura au contraire tendance à se traduire par la dissolution de certains minéraux.

2.3 La Terre tremble donc elle vit

Avec les éruptions volcaniques, les séismes représentent l'image même de la toute-puissance destructrice pouvant s'abattre à tout moment et frapper aveuglément. Jadis (et encore trop souvent) synonymes de punitions divines, les séismes demeurent aujourd'hui associés à l'évocation d'une Terre au pire capricieuse et lunatique, au mieux vengeresse aimant à rappeler à l'espèce humaine sa juste place dans l'ordre des choses et de la nature. Pas de quoi susciter une grande sympathie envers ce phénomène naturel... Toute justifiée que soit cette représentation, elle ne représente que la face la plus visible d'une médaille, dont le revers est nettement moins sombre.

Une soupape de sécurité bien pratique

Nous l'avons déjà vu précédemment, la Terre peut être vue comme une immense cocotte-minute chauffée par deux feux distincts. En premier lieu, nous avons acquis en héritage un « feu interne » produit il y a quelque 4,6 milliards d'années lors de la formation de notre planète, par la rencontre de blocs plus ou moins gros en rotation autour de notre tout jeune Soleil. Au gré d'impacts tantôt destructeurs (explosion des belligérants en une multitude de fragments, comme lorsqu'une pierre lancée vivement rencontre une vitre), tantôt constructeurs (fusion des projectiles pour en former un plus gros, comme après l'impact entre deux boulettes de papier mâché), un petit astre est apparu qui a grossi jusqu'à devenir une planète. Stoppés dans leur ronde expresse autour du Soleil, à des milliers de kilomètres à l'heure, pour contribuer à la noble cause de la construction de notre planète, chacun des fragments entrés en collision a immédiatement vu son énergie cinétique (liée à la vitesse de son déplacement) changée en énergie thermique (exprimée par une augmentation de sa température). De ce fait, notre Terre a gardé une mémoire thermique de chacun des chocs dont elle est le fruit, comme une joue chauffée par autant de gifles reçues. Ainsi chauffés à blanc, les éléments constitutifs de la Terre ont pu entrer en fusion et se rassembler selon leurs densités relatives : les éléments les plus lourds « tombant » par gravité au centre de la Terre pour former un noyau métallique, et les autres éléments s'organisant en des couches concentriques qui structurent notre planète. La chaleur primitive de la Terre est donc comme stockée en son cœur (appelé le « noyau ») au point de le rendre en partie liquide.

Mais la Terre n'agit pas en simple rentière thermique et génère elle-même la plus grande partie de sa chaleur interne via des sources radioactives, dont l'uranium... C'est du beau ! Et dire que l'on se bat pour réduire notre production d'énergie nucléaire pour sauver notre bonne vieille Terre, alors que, dans le même temps, elle s'y chauffe sans compter. Quelle ingrate ! Comme souvent, « comparaison n'est pas raison », car le mode de production d'énergie terrestre est sensiblement différent de celui que l'on utilise de manière plus ou moins contrôlée dans nos centrales. Plutôt qu'un réacteur nucléaire qui concentre à haute dose la matière radioactive, c'est la désintégration naturelle d'éléments radioactifs disséminés dans tout le volume du manteau terrestre qui génère de manière continue et très distribuée beaucoup de chaleur.

Revenons-en à notre Terre-cocotte-minute. Le phénomène de conduction ne permettant d'évacuer qu'une petite part de la chaleur interne de la Terre (mais qui fait le bonheur de la géothermie), il est bien nécessaire de trouver une soupape de sécurité pour qu'elle n'entre pas entièrement en fusion, ou pire, qu'elle n'explose ! En l'occurrence, c'est le phénomène de convection du *manteau* visqueux qui tient lieu de soupape naturelle : chauffé dans les entrailles de la Terre, ce *manteau* devient moins dense et s'élève, pour se refroidir en surface et, redevenu dense, coule par gravité. Activé par le moteur thermique terrestre, ce tapis roulant naturel vient découper la lithosphère en grandes plaques, et les met en mouvement les unes par rapport aux autres. Cela occasionne çà et là des séismes comme autant de « petits frottements » regrettables mais inévitables.

Modeste contribution à la vie

Les séismes ne peuvent cependant pas se réduire à la manifestation d'une entreprise salutaire et clandestine d'immense climatisation souterraine ! En brassant les matériaux internes de la Terre pour les faire remonter à la surface, les mouvements de convection du *manteau* font en effet bien plus que de refroidir la Terre : ils libèrent, le long de failles mais également via les volcans, d'énormes quantités d'éléments indispensables à la vie. C'est ainsi que de l'oxygène a été libéré en masse lors de l'apparition de la tectonique des plaques, il y a environ 2,5 milliards d'années, changeant radicalement la composition de notre atmosphère et favorisant le développement de la vie (du moins les formes de vies utilisant l'oxygène).

Mais ce n'est pas tout ! Lorsqu'un séisme survient, il se produit une fracturation des roches situées à la limite entre les deux parties de la faille mises en mouvement, qui libère de l'hydrogène. Pour peu qu'une faille soit sismiquement suffisamment active pour assurer une production régulière d'hydrogène, des micro-organismes vont pouvoir se développer en se nourrissant des émanations gazeuses ainsi générées. Le séisme n'est donc pas antinomique avec la vie, puisqu'il peut dans certaines conditions en assurer le maintien. Cette observation réalisée sur Terre constitue même aujourd'hui une piste privilégiée pour chercher des traces de vie sur Mars (nous le verrons plus tard au chapitre 4.2).

Du relief à nos vies

Comme discuté au chapitre précédent, les séismes sont également les artisans obstinés de la construction de nos montagnes, et contribuent à bien des égards à façonner nos paysages. Loin de toute considération esthétique, cette manière de considérer les choses nous interroge sur ce à quoi ressembleraient ces mêmes paysages si d'aventure les séismes venaient à s'arrêter. Privés de leur force de croissance *tectonique*, les massifs montagneux ne pourraient plus contrebalancer les effets de l'érosion imposés par le vent, la pluie, les alternances de gel et de dégel, et seraient doucement mais sûrement aplanis au point de ne plus pouvoir être discernés dans le paysage. C'est par exemple ce qu'il est advenu du Massif armoricain, héritage d'une chaîne de montagnes (la chaîne Hercynienne) érodée et depuis longtemps oubliée. Pour se représenter la chose, imaginez donc que le massif du Mont-Blanc ressemble dans quelques millions d'années à la Bretagne : pas certain que les stations de ski de Chamonix soient encore aussi prisées lorsqu'elles présenteront le même relief que celui des monts d'Arrée ! Ironie de la situation, la tectonique, et son immanquable lot de séismes, ont perché dans le massif du Mont-Blanc des morceaux de plages fossilisées à plus de 2 500 mètres d'altitude. Le promeneur peut ainsi observer des strates de pierre inclinées qui ressemblent à s'y méprendre au paysage laissé par la marée basse, avec ses rides de courant et ses empreintes de pas fossilisées. A la différence que lesdites plages ayant quelques 200 millions d'années, les empreintes de pas sont celles de dinosaures ! Sans tectonique, sans séismes donc, ce jeu de montagnes russes capable d'inverser des reliefs serait tout simplement impossible.

Perspective peu réjouissante d'un astre mort

Si malgré toute la plaidoirie déployée dans les précédents paragraphes votre conviction demeure que les séismes constituent une calamité inacceptable, envisageons ici de les arrêter, par magie ou par décret : plus jamais la Terre ne tremblera !

Du fait des mécanismes à l'œuvre, ce nouvel état de fait suppose l'arrêt de la tectonique, et donc de la machine thermique interne de notre Terre. Si l'on y pense, cela n'est pas insensé : après tout, ni la chaleur initiale accumulée au centre de la Terre, ni même le combustible qui chauffe son manteau, ne sont infinis, et un jour ou l'autre le moteur cessera de fonctionner. Les chercheurs estiment bien qu'à mesure que le noyau de la Terre se refroidit, il se solidifie au détriment de sa partie externe liquide. Relativement lent, ce refroidissement s'opère cependant au rythme d'environ 1 000 tonnes par secondes (plus de 30 milliards de tonnes par an !), et le noyau solide gagne dans l'affaire environ un millimètre de rayon chaque année... Bref, ce ne doit être qu'une question de temps, et au diable le fait que notre bonne vieille étoile Soleil nous aura certainement rôtis depuis longtemps, mais cela est une autre histoire...

Et bien quoi ? Nous n'aurions pas plus d'activité tectonique que la Lune ou que Mars ? La belle affaire ! Nous avons vu que l'intense activité de notre atmosphère s'appliquerait à éroder méticuleusement les reliefs, en s'attaquant en priorité à nos montagnes, mais plus largement à tout ce qui dépasse : nous nous habituerons à des plaines à perte de vue. Plus, non plus, de bactéries mangeuses d'hydrogènes : nous en ignorions jusqu'à l'existence, nous ne les pleurerons pas longtemps. Avantage collatéral, les volcans tomberaient dans un sommeil éternel : d'une pierre deux coups, avec deux risques naturels majeurs parmi les plus dangereux supprimés ! Plus donc de gaz remontant des profondeurs de la Terre pour s'échapper par les cheminées géantes et se mélanger à notre atmosphère. Mais que deviendrait-elle au fait, cette atmosphère, privée de ces apports continus dont elle bénéficie depuis sa création ? Se pourrait-il que, comme dans une chambre à air poreuse jamais regonflée, elle s'échappe alors petit à petit jusqu'à disparaître ? Perspective peu réjouissante pour nous qui y respirons...

Sans réponse définitive à toutes ces questions, le jeu paraît bien risqué, et les catastrophes induites par les séismes semblent finalement un bien modeste prix à payer pour pouvoir demeurer sur une Terre vivante.

2.4 Petits et gros séismes

« Magnitude », « intensité », « échelle de Richter » : il est bien difficile de s'y retrouver parmi tous les termes qui servent à qualifier l'importance d'un séisme. D'autant plus que, dans leur course à l'information, les journalistes qui nous entretiennent des séismes qui surviennent chaque jour aux quatre coins du monde s'emmêlent fréquemment les pinceaux…

De l'énergique magnitude…

Lorsqu'une superproduction hollywoodienne se plaît à représenter une valeur de magnitude qui évolue au cours du temps afin que les scientifiques – comme les traders à Wall Street – puissent scruter inquiets leurs écrans pour évaluer l'ampleur du krach (« Mais mon Dieu ! Où s'arrêtera ce séisme ? »), il s'agit en fait d'une histoire que très lointainement inspirée de faits réels… Et pour cause : la magnitude d'un séisme décrit par définition l'énergie totale libérée le long de la faille. N'en déplaise aux scénaristes, elle est donc invariante dans le temps, et unique pour un séisme donné.

Mais alors, pourquoi trouve-t-on après chaque séisme mention de nombreuses valeurs de magnitude ? La chose est en effet troublante, mais est en fait bien compréhensible si l'on songe que l'on essaye d'évaluer une grandeur physique (la magnitude donc) d'un événement qui survient à des kilomètres sous nos pieds, fréquemment à une dizaine de kilomètres de profondeur et parfois même jusqu'à plus d'une centaine : le tout sans appareil de mesure sur place, il va sans dire. La variabilité des valeurs provient donc en premier lieu de la diversité des observatoires de surveillance sismique, qui évaluent chacun la magnitude à partir des enregistrements sismiques à leur disposition. D'autre part, il existe de nombreuses méthodes pour estimer la magnitude d'un séisme : l'une utilise l'amplitude maximale des ondes enregistrées (c'est la magnitude « locale », notée Ml), une autre leur durée (la magnitude « de durée », notée mb), une autre encore la manière dont l'amplitude de ces ondes décroît avec le temps, etc. Du fait qu'il existe maintenant des réseaux mondiaux pour surveiller les séismes, la magnitude des séismes significatifs tend cependant à être évaluée de plus en plus précisément. Lorsqu'elle est disponible, l'on privilégie la magnitude « Mw », dite « de moment », qui est directement reliée à l'énergie libérée par le séisme. Quant à la fameuse magnitude « de Richter », et bien que celle-ci réfère originellement à l'échelle de magnitude « locale » introduite en 1935 par Charles-Francis Richter pour la Californie, elle ne correspond aujourd'hui plus à grand-chose, et ce terme est indifféremment utilisé par les journalistes pour désigner tout type de magnitude.

Mais revenons-en à la définition de la magnitude. Du fait qu'elle caractérise une énergie, la magnitude n'a donc pas de limite maximale, et l'on peut toujours craindre un séisme de magnitude supérieure à celles déjà observées par le passé. C'est la raison pour laquelle l'on parle d'échelle « ouverte ». De même que la distance maximale que peut parcourir une voiture est conditionnée par la quantité de carburant dont elle dispose, la magnitude maximale que peut atteindre un séisme est limitée par la longueur maximale de faille pouvant rompre. À moins de fendre la Terre en deux, il n'est donc guère raisonnable d'imaginer voir un jour un séisme de magnitude 100…

Pour autant, l'énergie dissipée par les séismes couvre une gamme extrêmement large, depuis des ruptures de failles sur quelques dizaines de mètres de longueur, jusqu'à des ruptures de plusieurs centaines de kilomètres. Ce qui nous amène à une caractéristique essentielle de la magnitude : il s'agit d'une échelle *logarithmique*. À la différence des échelles *linéaires* auxquelles nous sommes habitués (une distance de huit kilomètres est deux fois plus importante qu'une autre de quatre), le passage d'un niveau à un autre d'une échelle logarithmique correspond à prendre une loupe grossissante. En l'occurrence, le facteur grossissant de cette loupe est d'un facteur 30, ce qui signifie que lorsque l'on augmente la magnitude d'une unité, l'énergie dissipée par le séisme est en fait 30 fois supérieure. Un séisme de magnitude 8 est donc 30 fois plus puissant qu'un autre de magnitude 7, 900 fois (i.e. 30^2=30x30) plus qu'un magnitude 6, 27 000 fois (30^3=30x30x30) plus qu'un magnitude 5, etc. Cette propriété essentielle de la magnitude nous invite tout d'abord à mettre en perspective la puissance des séismes que nous pouvons ressentir en France métropolitaine (couramment des magnitudes de l'ordre de 4, occasionnellement des magnitudes voisines de 5, et très rarement des magnitudes supérieures à 6), avec celle de ceux qui surviennent au Japon (les magnitudes supérieures à 7 y sont fréquentes, et le séisme de Tohoku de 2011 a même dépassé la magnitude 9). Cela souligne aussi l'importance d'être en mesure d'évaluer la magnitude avec précision. Une erreur d'évaluation de la magnitude de 0,2 (incertitude fréquente pour la détermination de la magnitude) correspond en effet déjà à une erreur de l'ordre d'un facteur 2 ($30^{0,2}$=1,97) en termes d'énergie dissipée. Pour autant, lorsque l'on songe qu'en France, les décomptes du nombre de participants à une même manifestation peuvent facilement varier d'un facteur 10 selon qu'ils proviennent « des organisateurs ou de la police » – dans tous les cas d'observateurs directs présents sur place le long des cortèges –, il est permis de relativiser quelque peu l'incertitude que nous avons sur la détermination de la magnitude des séismes.

À noter que monsieur Richter n'a pas donné son nom qu'à une célèbre magnitude. Avec un ami, il a également baptisé une « loi » (rien que ça !) : la loi empirique dite de « Gutenberg – Richter ». Celle-ci établit que, dans une région considérée, il y a statistiquement environ 10 fois plus de séismes d'une magnitude supérieure ou égale à une valeur M donnée, que de séismes de magnitude supérieure ou égale à M+1. Ainsi, si l'on y observe en moyenne un séisme de magnitude au moins égal à 6 par siècle, on devrait y attendre sur la même période une dizaine de séismes de magnitude supérieure ou égale à 5, une centaine de séismes de magnitude supérieure ou égale à 4, etc. Encore une histoire d'échelle logarithmique à effet grossissant...

Des séismes de magnitudes négatives ?

Eh oui ! Magie des mathématiques, les échelles logarithmiques autorisent les séismes à avoir des magnitudes négatives. Et non ! Ces « séismes négatifs » ne font pas par magie se reconstruire des bâtiments effondrés…

En effet, de même qu'un tremblement de terre de magnitude 2 est 30 fois plus puissant qu'un autre de magnitude 1, le raisonnement inverse est valable. Prenons cette fois-ci une loupe rétrécissante, et nous obtenons donc qu'un séisme de magnitude 1 est 30 fois plus puissant qu'un séisme de magnitude 0, 900 fois plus qu'un magnitude -1, 27 000 fois plus qu'un magnitude -2, etc.

À titre de comparaison, une magnitude 0 équivaut à l'énergie libérée par l'explosion d'une charge explosive d'un kilogramme de dynamite.

… à la sévère intensité

Mais la magnitude ne renseigne en rien sur l'importance des secousses sur le plancher des vaches. C'est là qu'intervient la notion d'intensité, qui vient précisément qualifier la sévérité des secousses en un lieu donné.

L'intensité dite « macrosismique » est basée, comme son nom le laisse deviner, sur la description des effets sismiques directement sensibles par l'homme, en distinguant : les effets sur les humains, ceux sur les objets et sur la nature, et enfin les dégâts aux bâtiments. Elle s'exprime selon des échelles comptant généralement douze degrés. Ne s'agissant pas d'une grandeur pouvant être obtenue par des appareils de mesure mais à l'aide de questionnaires recueillis auprès de témoins et d'enquêtes menées sur le terrain, l'intensité macrosismique s'exprime par degrés entiers (écrits en chiffres romains pour ne pas confondre avec la magnitude), et peut donc varier de I dans le cas de secousses non perceptibles par l'homme, à XII lorsque « les effets du tremblement de terre ont atteint le maximum concevable » (citation tirée de la définition de l'échelle macrosismique européenne EMS-98).

Au contraire des échelles de magnitude, les échelles macrosismiques sont donc « discrètes » (non pas qu'elles soient silencieuses, mais que le passage soit direct d'un degré à un autre : il n'existe ainsi pas de demi-degré d'intensité), et « bornées » (la puissance du séisme n'y peut rien, l'intensité maximale possible est par définition égale à XII).

Autre différence de taille avec la magnitude, l'intensité dépend du lieu d'observation, et n'est donc pas unique pour un séisme donné : elle est généralement maximale à l'épicentre, et s'atténue avec la distance. Il est cependant fréquent de mentionner la valeur d'intensité macrosismique à l'épicentre, même si celle-ci ne constitue en rien une caractéristique intrinsèque du séisme.

L'intensité macrosismique est donc en quelque sorte à la sismologie ce que l'intensité sonore est à la musique, lorsque la magnitude s'apparente quant à elle à la puissance d'une source sonore.

Des valeurs d'intensité largement influencées par la magnitude, mais pas seulement

Après ces quelques éclaircissements, vous devriez désormais être en mesure de détecter au premier coup d'œil si un journaliste maîtrise son sujet lorsqu'il relate un séisme : une entame dans le style « ce séisme a atteint une magnitude de 8 sur l'échelle ouverte de Richter qui compte 12 degrés » n'augure donc rien de bon, et peut être de nature à susciter un scepticisme raisonnable quant à la suite des éléments d'explications...

Un lien étroit demeure cependant entre la magnitude d'un séisme et l'intensité des secousses. L'on comprend aisément qu'en un lieu donné, et ne faisant que varier la magnitude du tremblement de terre, les ondes sismiques seront ressenties avec d'autant plus de force que la magnitude sera élevée. Pour filer plus loin la métaphore sonore, disons que d'élever la voix demeure encore la façon la plus directe et la plus évidente de se faire entendre de son interlocuteur.

Chacun a pu expérimenter qu'une voix aiguë s'entend souvent mieux à courte distance qu'une voix grave mais porte en revanche moins loin, ou qu'un phénomène d'échos peu localement amplifier le son même à grande distance. De la même façon, la magnitude d'un séisme ne présume pas seule de l'ampleur des secousses au sol : selon que le séisme survient à grande profondeur ou au contraire très proche de la surface, que l'on se trouve à grande distance de l'épicentre ou au contraire proche de la faille, les ondes sismiques auront été plus ou moins atténuées, et seront donc ressenties plus ou moins violemment. S'ajoutent à ces effets d'atténuation avec la distance, de multiples effets qui influent sur la sévérité des secousses : secousses parfois plus fortes dans l'axe de la faille, amplification des ondes par des configurations géologiques ou topographiques particulières, etc.

Ces effets particuliers ne sont pas toujours bien visibles lorsque l'on examine des cartes qui représentent la répartition spatiale des valeurs d'intensité macrosismique. En effet, les échelles macrosismiques étant discrètes, elles ne permettent donc que de distinguer des intensités notablement différentes les unes des autres. Par ailleurs, l'intensité macrosismique étant le plus souvent évaluée à l'échelle communale (i.e. une unique valeur d'intensité par commune), cela a pour effet de lisser les effets locaux de faible étendue. Même très locales, ces modulations de la sévérité des secousses sont en revanche bien identifiables lorsque l'on regarde des enregistrements sismiques obtenus avec des appareils de mesure (à l'aide de sismomètres ou d'accéléromètres qui mesurent respectivement les variations de vitesse et d'accélération du sol). Ainsi, lors du séisme de magnitude 7,4 survenu au large de la Martinique en 2007 (heureusement localisé à très grande profondeur), l'accélération maximale des secousses enregistrées sur la seule commune de Fort-de-France montrait des écarts jusqu'à un facteur huit d'une station sismologique à une autre. Ces différences importantes s'expliquent par le fait que certains des sismomètres étaient implantés sur des sols relativement durs n'amplifiant pas les secousses sismiques, et d'autres sur des sols mous faisant l'effet de caisses de résonnance.

Ces mesures des mouvements du sol permettent donc d'étudier l'intensité des secousses sismiques de manière instrumentale selon une myriade d'indicateurs, parmi lesquels l'accélération, la vitesse ou encore le déplacement maximal du sol. Si ces mesures instrumentales de l'intensité offrent une grande précision et sont largement utilisées par les sismologues, l'intensité macrosismique demeure très utile car elle permet immédiatement de se faire une idée des effets potentiels. Ainsi un pompier averti ne s'émouvra pas d'une intensité IV, et de ses probables réveils de quelques dormeurs, mais s'affolera au contraire à l'évocation d'une intensité VIII, potentiellement synonyme de l'effondrement de nombreux bâtiments parmi les plus vulnérables.

2.5 Séismes et effets induits : quand une catastrophe peut en cacher une autre

Les secousses sismiques liées à la rupture de failles représentent la manifestation la plus directe et la plus évidente d'un séisme. Mais ces secousses peuvent elles-mêmes déclencher d'autres phénomènes, qualifiés d'« induits », au potentiel tout aussi dévastateur : tsunamis, mouvements de terrain, liquéfaction des sols, ruptures de barrages de lacs glaciaires, etc. Très dépendants des spécificités locales des sites où surviennent les séismes, ces effets représentent un véritable danger pour les populations, et constituent une part intégrante mais souvent ignorée du risque sismique.

Une rupture de faille pour faire chuter le premier domino

Lors d'un séisme, la rupture des roches au niveau d'une faille s'accompagne d'émissions d'ondes sismiques qui se propagent dans la Terre jusqu'à sa surface. Si ces ondes sismiques peuvent avoir des effets dévastateurs sur nos bâtiments, elles peuvent également déclencher toute une série de phénomènes dans les terrains qu'elles traversent, accélérant la survenue de certains phénomènes qui seraient survenus un jour ou l'autre, ou au contraire mettant en branle des mécanismes impossibles sans sollicitations sismiques. Ainsi, des glissements de terrain surviennent fréquemment en montagne – notamment lorsque les sols sont gorgés d'eau –, et des secousses sismiques peuvent en précipiter le déclenchement de centaines, voire de milliers, en quelques secondes seulement. A l'inverse, nombre de tsunamis n'auraient jamais pu avoir lieu sans un séisme comme déclencheur.

C'est pourquoi le risque sismique est parfois comparé à un jeu de dominos, avec en guise de « pichenette » initiale la rupture d'une faille qui abat le premier jeton ayant pour nom « tremblement de la Terre », lequel entraîne une ou plusieurs branche(s) plus ou moins longue(s) de dominos tombant en chaîne. Ici, une branche dont la chute du jeton « mouvement de terrain » s'accompagne de celui « formation d'un embâcle » sur une rivière et la formation d'un barrage éphémère... qui cède et entraîne le domino suivant : « débâcle et inondation », etc. Là, une autre branche qui commence par la chute du jeton « brusque élévation du plancher océanique », immédiatement suivie successivement par celles de « tsunami », « inondation d'une installation nucléaire et de ses générateurs de secours », « échauffement incontrôlé du combustible radioactif », « incident nucléaire majeur », rideau noir. Relevant du scénario catastrophe, ce type d'effets dominos était encore il y a peu écarté, car jugé hautement improbable, et laissé à l'imagination de scénaristes hollywoodiens sous acides. Il est, depuis 2011 et la catastrophe de Fukushima survenue au Japon, au centre de toutes les attentions.

Dans le cas du séisme du Wenchuan de magnitude 7,9, survenu en Chine en 2009 en bordure du plateau tibétain, les glissements de terrain ont perturbé l'écoulement de nombreuses rivières et formé plus 250 barrages naturels. Certains de ces barrages ont ensuite cédé brutalement et ont entraîné la destruction de zones habitées dans les vallées. D'autres se sont érodés plus lentement, mais les rivières saturées en sédiments sont sorties de leur lit en contrebas, déposant des quantités gigantesques de matière sur leur passage. Des villages entiers ont ainsi été enfouis sous les sédiments. Enfin des milliers de routes ont été coupées par ces glissements de terrain. Au-delà du coût financier et économique des dégâts, les conséquences humaines directes ont été très lourdes, avec des populations sinistrées complètement isolées et inaccessibles pour les services de secours.

Des vagues géantes

Plus redoutés encore que les séismes qui en sont la cause principale, les tsunamis représentent l'effet induit le plus emblématique. Si la perspective de voir nos édifices vaciller puis s'effondrer comme des châteaux de cartes n'est guère séduisante, l'image d'un mur d'eau géant que l'on ne voit arriver que trop tard pour fuir est une figure d'horreur profondément ancrée dans notre inconscient collectif.

Aisément compréhensible, le phénomène requiert deux ingrédients principaux : premièrement un séisme sous-marin relativement peu profond et de forte magnitude occasionnant la rupture d'une grande longueur de faille, et deuxièmement que ce séisme provoque une mise en mouvement verticale du plancher océanique (via un mécanisme de rupture en faille *inverse* ou *normale*). Ainsi, un grand volume d'eau est soudainement mis en mouvement et génère une vague qui, peu rapide et presque imperceptible au large, accélère et gagne en amplitude à mesure que la profondeur d'eau diminue en s'approchant de la côte, pour finalement la frapper de plein fouet à près de 40 kilomètres à l'heure, avec des vagues pouvant atteindre 30 mètres de hauteur (ce qui équivaut rien de moins à la hauteur d'un immeuble d'une dizaine d'étages !), et s'engouffrer sur des kilomètres dans les terres.

Deux récents tsunamis géants sont dans toutes les mémoires, occasionnés par deux séismes majeurs : celui de Sumatra du 26 décembre 2004 dans l'océan Indien, et celui de Tohoku du 11 mars 2011 au large au Japon, tous deux avec des magnitudes dépassant 9... Le premier a entraîné la mort d'environ 180 000 personnes et le second de 20 000 personnes. Dans les deux cas, la plupart ont été victimes du tsunami. La gravité de ces tsunamis s'explique par leur intensité mais aussi par leur étendue. Le tsunami de 2004 a touché l'ensemble des pays du pourtour de l'océan Indien : l'Indonésie, le Sri Lanka, la Thaïlande, l'Inde, les Maldives, la Malaisie et jusqu'aux côtes d'Afrique de l'Est où des pêcheurs ont péri plusieurs heures après le séisme. Pourtant située à plus de 5 000 kilomètres de l'épicentre, l'île de la Réunion a pour sa part été touchée sept heures après le début du phénomène. Les vagues y ont atteint 50 centimètres à plus de deux mètres localement dans certains ports, ce qui a suffi à ce que plusieurs navires rompent leurs amarres, occasionnant des dégâts matériels importants. Autre illustration frappante de ces effets possibles à grande distance, des témoins rapportèrent que, suite au grand séisme de Lisbonne de 1755 déjà évoqué ensemble dans de précédents chapitres, la mer se retira au niveau de la ville martiniquaise de la Trinité au point que des villageois coururent pour récupérer à la main les poissons soudainement déposés sur le sable... avant que des vagues ne déferlent quelques instants plus tard.

Il faut aussi noter qu'un tsunami est une succession de vagues dont la première n'est pas toujours, loin de là, la plus haute. Les côtes peuvent être exposées pendant au moins quatre à cinq heures à l'assaut des vagues. Ce type de tsunami se produit essentiellement le long des grandes zones de subduction bordant les frontières entre plaques tectoniques, notamment en Asie et le long de la cordillère des Andes en Amérique du Sud.

Mais il n'est pas nécessaire d'un séisme de magnitude 9 et d'une zone de subduction pour générer un tsunami, pas même un océan ! Des séismes de magnitude d'environ 6,5 en mer peuvent également générer des vagues mortelles, comme le prouvent les nombreux tsunamis dont l'histoire garde mémoire le long des côtes méditerranéennes. D'amplitude bien plus modeste, les vagues ainsi générées n'en demeurent pas moins dangereuses, car elles déferlent à grande vitesse et fauchent véhicules et passants comme des brins de paille. L'on peut également fréquemment observer des effets de tourbillons dans les ports. Si les zones côtières de l'océan Pacifique et de l'océan Indien sont les plus exposées aux tsunamis, peu de côtes échappent totalement à ce risque auquel les îles sont particulièrement vulnérables. Le niveau de risque est par ailleurs en constante augmentation, à mesure que l'urbanisation des fronts de mer tend à concentrer populations et bien sûr une frange littorale exposée.

Les effets induits qui – comme nous l'avons vu en introduction – se mêlent parfois en effets dominos ont ceci de surprenant qu'ils peuvent se combiner de multiples façons, parfois inattendues. Ainsi, si les tsunamis résultent le plus souvent du déplacement direct d'une masse d'eau par le brusque mouvement d'une faille, ils peuvent également découler de grands glissements de terrain sous-marins, lesquels peuvent être induits par des secousses sismiques. Plus localisés, ces tsunamis peuvent cependant être localement très dévastateurs, comme ce fut le cas le 17 juillet 1998 en Papouasie-Nouvelle-Guinée, où un séisme de magnitude 7,1 provoqua un important effondrement sous-marin qui déclencha à son tour un tsunami qui ravagea le rivage.

La poussée de trop

Quittons la mer pour nous rendre à la montagne, là où reliefs et gravité se mêlent pour faire chuter des blocs de pierre, glisser des terrains instables, partir le manteau neigeux en avalanches ou encore arracher aux glaciers d'énormes séracs. Ces mouvements gravitaires s'expriment principalement par des mouvements de terrain de différentes sortes qui s'observent indépendamment de tout séisme : une période de forte pluie suffit souvent – via la saturation des sols en eau – à en déclencher çà et là. Pour autant, les mouvements de terrain n'ont souvent besoin que d'un rien pour s'amorcer. Ainsi le séisme est au mouvement de terrain ce que le canon à gaz est à l'avalanche : un déclencheur ! La goutte d'eau (parfois modeste) qui fait déborder le vase... et tomber le sol après l'avoir ébranlé.

Au niveau mondial, l'on estime ainsi que près d'un tiers des victimes de séismes survenant en milieu montagneux serait imputable aux glissements de terrain. Les séismes de magnitude comprise entre 6 et 7 peuvent occasionner des dizaines de milliers de glissements, et jusqu'à des centaines de milliers pour les séismes encore plus puissants ; certains glissements étant assez importants pour emporter des routes, des ouvrages d'art ou des bâtiments... Des survols aériens effectués ces dernières années après plusieurs séismes importants ont ainsi permis de capturer des images saisissantes de glissements de terrain à perte de vue, avec très peu de versants épargnés. Comme souvent avec les séismes, ce qui est observable de manière impressionnante à la grande échelle des événements majeurs l'est aussi, de manière certes plus discrète mais néanmoins notable, à l'échelle des plus petits séismes. Ainsi les archives nous apprennent par exemple qu'après le séisme de Chamonix de 1905, dont la magnitude est évaluée à environ 5,5, des chutes de rochers furent observées jusque dans la vallée « semant la terreur sur leur passage », alors que le cours de la rivière Arve toute proche était gonflé par la rupture de poches d'eau sur le glacier d'Argentière.

Chose méconnue, à l'instar des bâtiments qui pour certains s'effondrent avec le séisme quand d'autres se fissurent et menacent ruine au point de pouvoir s'effondrer bien plus tardivement, les mouvements de terrain (et notamment les glissements) ne se produisent pas tous instantanément juste après le passage des ondes sismiques, certains pouvant avoir lieu à retardement des mois voire des années après. Ce phénomène est dû à un « endommagement » des terrains qui ont alors une moindre résistance et présentent un risque accru de mise en mouvement.

Par ailleurs, les mouvements de terrain ne sont pas les seuls effets gravitaires induits par les séismes : lors du séisme népalais du 25 avril 2015, c'est ainsi une avalanche gigantesque déclenchée par les ondes sismiques qui a balayé le camp de base de l'Everest, causant une vingtaine de morts.

Lorsque le sol se dérobe

Moins connue du grand public, la liquéfaction des sols surprend les populations lorsqu'elle se produit. Très semblable par ses effets à celui des célèbres « sables-mouvants », il s'agit d'un phénomène qui, sous forte sollicitation sismique, fait passer un sol sableux saturé en eau de l'état de solide à celui de liquide.

Le phénomène de liquéfaction des sols est connu de longue date, et se manifeste souvent par l'apparition de petits « volcans » de sable crachant des jets d'eau et de matière boueuse à plus d'un mètre de hauteur, comme cela fut par exemple observé en Guadeloupe lors du terrible séisme de 1843. Son potentiel destructeur n'a pourtant été mis au grand jour dans sa pleine ampleur que récemment. C'est ainsi que lors du séisme japonais de 1964 à Niigata, un tiers du sol de la ville subit des tassements pouvant atteindre un à deux mètres. Privés de la portance du sol, des immeubles entiers ont basculé d'un seul bloc jusqu'à se coucher. Le tassement sous les constructions peut en effet être plus important d'un côté que de l'autre et entraîner le basculement des bâtiments de grande hauteur, tandis que les maisons individuelles plus basses et moins larges ont plus tendance à s'enfoncer dans le sol.

Potentiellement très destructeur et générateur de conséquences économiques considérables, la liquéfaction des sols demeure heureusement peu meurtrière, car moins violente que les autres effets induits cités précédemment. Notons au passage que l'on peut même reconnaître un certain sens de l'humour absurde à ce phénomène de liquéfaction, qui accompagne ses jets de boue et d'eau sableuse de tout ce qu'il trouve dans le sol. Ainsi peut-on imaginer la scène surréaliste qu'ont dû vivre les habitants de la région de Mulpani au Népal qui, lors du violent séisme du 25 avril 2015, ont dû courir en tous sens affolés par les secousses, alors que dans le même temps de nombreuses carottes et pommes de terre étaient violemment éjectées du sol...

Ce phénomène (de liquéfaction, pas d'éruption maraîchère) se produit quelques secondes après le début du séisme et s'amplifie avec la succession des secousses. À chaque cycle, la pression dans le sol augmente jusqu'à provoquer sa liquéfaction complète.

Terribles effets cumulatifs

Ayant commencé ce chapitre par les effets dominos que l'on peut comparer par analogie électrique aux systèmes « en série » (en l'occurrence une série d'effets qui se succèdent), terminons-le par celle des systèmes « en parallèle » d'effets qui surviennent indépendamment quasiment en même temps. Si tous les séismes ne génèrent heureusement pas l'ensemble des effets induits potentiels dont nous n'avons ici dressé la liste que des effets les plus courants, il arrive malgré tout que ces effets se cumulent, notamment lors d'événements de forte magnitude.

L'exemple du séisme de magnitude 7,5 qui a frappé l'île indonésienne des Célèbes le 28 septembre 2018 est particulièrement révélateur de l'ampleur cumulée que peuvent prendre ces effets induits, avec une concentration des effets autour de la ville de Palu et ses 280 000 habitants. Avec les secousses sismiques, c'est d'abord tout un village situé sur les hauteurs de la ville qui s'est mis en mouvement sous l'effet d'une liquéfaction généralisée des sols (que certains scientifiques désignent déjà sous le terme « d'ultra liquéfaction »), détruisant en quelques secondes près de 2 000 habitations et ne laissant derrière elle qu'un paysage lunaire. Quelques minutes après, c'est un tsunami qui, amplifié par la forme de la baie, déferla sur Palu pour détruire une grande partie de la ville.

Fait rare, la ville de Palu devrait être reconstruite sur un autre site du fait particulier de l'importance des effets induits. En effet, selon les autorités indonésiennes, la conjonction de l'aléa sismique et de ses effets induits est telle qu'il n'est pas envisageable de rebâtir la ville sur son emplacement actuel. Cela souligne qu'au-delà de la nécessaire construction parasismique, il convient également de prendre en compte les possibles effets induits dans les politiques d'aménagement du territoire.

2.6 Séismes, météo et climat : un lien ?

La problématique du changement climatique représente aujourd'hui un enjeu considérable pour nos sociétés, tant ses conséquences à moyen et long terme s'annoncent catastrophiques à bien des égards. En matière de risques naturels, l'on constate déjà une nette hausse de l'ampleur et de la fréquence des phénomènes météorologiques extrêmes : cyclones, tempêtes, inondations, sécheresses, etc. Voici l'occasion de se poser la question du lien entre le climat et les séismes.

Séisme et climat : un lien historique fort

Penser qu'il puisse y avoir un lien entre le climat et la survenue de séismes a spontanément de quoi laisser sceptique, car comment imaginer que des variations de températures et de régime de précipitations, ou même la survenue de tempêtes et autres cyclones, puissent avoir un quelconque effet sur des failles souvent situées à plusieurs kilomètres sous nos pieds ?

Depuis Aristote au IVe siècle avant J.-C., et jusqu'au XIXe siècle, cette hypothèse n'aurait pourtant choqué personne. Elle aurait même été en phase avec les thèses de nombreux hommes de sciences qui pensaient que de fortes chaleurs, ou de fortes précipitations, pouvaient provoquer des secousses sismiques. Aussi, de nombreux écrits relatifs aux séismes survenus par le passé incluent-ils une description détaillée des conditions météorologiques précédant leur occurrence. C'est ainsi qu'un certain Antoine Delphin de Lamothe, témoin du puissant séisme survenu en 1759 dans la région bordelaise, rapporte qu'« après 2 ou 3 jours d'une très grande chaleur, par un temps orageux et chargé de nuages, on entendit un bruit semblable à celui d'un carrosse et l'on ressentit pendant 3 ou 4 secondes quelques secousses de tremblement de terre », comme si ces observations météorologiques étaient de nature à expliquer la survenue du séisme… Et monsieur Bartry – un autre témoin du séisme – de rajouter : « vraisemblablement on doit attribuer ce tremblement de terre à la grande chaleur qui se fit cette année où trois mois au moins s'écoulèrent, sans presque avoir de pluie icy au environs, quoi quaillieurs il y eut des pluies des gresles considérables ».

C'est l'apparition des moyens d'observation sismologique et la compréhension du phénomène de la tectonique des plaques au XXe siècle, qui ont permis de comprendre que les séismes résultent de la libération soudaine d'énergie accumulée le long de failles pendant des dizaines, des centaines voire des milliers d'années. Le divorce semblait donc consommé entre climatologie et sismologie, cette dernière accédant dans le même temps au rang de discipline scientifique à part entière : laquelle demeure aujourd'hui encore étudiée dans de nombreux pays au sein des départements de… météorologie !

De rares voix ont cependant continué à affirmer le rôle déterminant de grands événements météorologiques dans le déclenchement de séismes. Faute de preuves scientifiques tangibles, ces thèses ont longtemps été considérées comme infondées. Depuis une vingtaine d'années, la multiplication d'études scientifiques approfondies traitant du lien entre les séismes et les processus liés à la météo ou aux changements climatiques, amène à reconsidérer la question sous un angle nouveau.

Du temps long du climat…

Sur des centaines de milliers d'années, les changements climatiques observés à l'échelle mondiale peuvent schématiquement conduire à deux situations extrêmes :

1. Les périodes froides marquées par de grandes glaciations, pendant lesquelles une grande partie de l'eau est stockée sous forme de glace sur les continents, impliquant un niveau très bas des océans ;

2. Les périodes chaudes, pendant lesquelles l'eau est principalement stockée sous forme liquide dans les océans dont le niveau est particulièrement haut, au détriment des glaciers dont ne subsistent que de rares spécimens aux pôles et sur les sommets les plus hauts.

Ainsi la Terre navigue sans cesse entre ces deux extrêmes, et de par leur poids, la répartition des eaux à sa surface joue un rôle non négligeable dans la sismicité de nombreuses régions. Avec une épaisseur des calottes glaciaires pouvant atteindre environ quatre kilomètres, et une profondeur moyenne des océans du même ordre de grandeur, la pression exercée par ces masses d'eau (solide ou liquide) sur la croûte terrestre est telle qu'elle la déforme, et modifie donc l'état des contraintes accumulées le long des failles. Lors des périodes de déglaciation, la croûte continentale est libérée de la glace qui la recouvrait. Elle peut « rebondir » pour retrouver sa forme initiale : l'on parle alors de *rebond isostatique*. S'accompagnant d'une sismicité accrue, ces réajustements sont cependant très lents et se poursuivent bien après que la glace se soit retirée.

De même que la glace pèse sur la croûte terrestre et interfère donc avec la tectonique, les montagnes constituent également des masses rocheuses énormes qui, à l'image des icebergs dont la partie immergée permet la flottaison, ont des « racines » cachées sous terre. Lorsque les forces tectoniques qui forment ces montagnes diminuent, il arrive un moment où l'élévation est compensée, puis dominée, par l'érosion progressive des roches par la pluie, le vent, l'alternance de période de gel et de dégel… Ainsi, à mesure que cette érosion « grignote » la montagne et que la croûte terrestre est progressivement libérée d'une charge importante, un réajustement dynamique s'opère par le soulèvement de la « racine » montagneuse.

À l'image des rebonds postglaciaires, ces réajustements peuvent modifier de manière importante l'état d'accumulation des contraintes le long des failles, et donc impacter durablement la sismicité locale. Les mesures par GPS du lent déplacement des plaques les unes par rapport aux autres permettent de s'en convaincre. Ainsi, alors que l'on a longtemps pensé que la sismicité française était la conséquence de la compression exercée par la poussée de la plaque africaine sur la plaque eurasienne, les mesures GPS ont montré que ces contraintes étaient principalement emmagasinées plus au sud où elles se traduisent en Italie par de fréquents séismes très destructeurs. Mais sans cette poussée de l'Afrique, comment alors expliquer les déplacements verticaux relativement importants enregistrés dans les Alpes ? Dans les Pyrénées, la question est un peu différente puisque les déplacements y sont trop faibles pour être mis en évidence par les mesures GPS, tandis qu'une activité sismique notable y demeure… Dans les deux cas, l'équipe de chercheurs français qui a mené à bien ces mesures GPS invoque le rôle de l'érosion des massifs comme l'une des causes importantes de ces mouvements verticaux et de la sismicité qui en résulte, ce que tendent par ailleurs à confirmer leurs modèles numériques. Or, l'érosion dépend en grande partie du climat…

S'agissant de l'impact de la variation du niveau des océans sur la sismicité, celui-ci ne fait aujourd'hui pas consensus parmi les scientifiques faute d'observations suffisantes. Sur la base de modélisations, de nombreux auteurs pensent cependant qu'une augmentation du niveau des océans se traduit par une augmentation de la sismicité de long des *marges continentales*, et donc potentiellement le long des zones côtières océaniques. En Italie, des chercheurs ont quant à eux mis en évidence des alternances de périodes de forte et de plus faible activité sismique selon des cycles de 60 ans environ. Et ces mêmes chercheurs de faire le parallèle avec des cycles d'une soixantaine d'années observés pour divers paramètres climatiques, pour logiquement conclure que la cyclicité de la sismicité italienne pourrait être contrôlée par les cycles d'élévation du niveau de la mer Méditerranée.

… au temps court des phénomènes météorologiques

Si les conséquences sur la sismicité des variations dans le long terme des variables météorologiques – soit l'évolution du climat – commencent dans l'ensemble à être relativement bien connues, leur impact à court terme demeure au contraire largement méconnu et doit encore faire l'objet de recherches afin de mieux en comprendre les mécanismes. La recherche menée depuis des années sur le sujet commence cependant à porter ses fruits, du fait notamment de l'acquisition de données toujours plus précises permettant de caractériser de très faibles variations de certains paramètres qui étaient jusqu'alors indétectables. Ainsi, même si les théories présentant un lien de cause à effet entre ces variations météorologiques et l'occurrence de séismes sont pour certaines encore largement débattues, au moins s'appuient-elles désormais sur des observations indiscutables.

Pour faire « de la science avec les mains », nous pouvons affirmer que tout phénomène qui modifie la répartition des masses sur la Terre a potentiellement un impact sur la sismicité. Fort de ce postulat, des sismologues ont réussi à mettre en évidence le rôle joué par les moussons sur la cyclicité des séismes en Himalaya. D'autres scientifiques suggèrent pour leur part que les passages successifs des ouragans Fay et Gustav au niveau d'Haïti pourraient avoir précipité la survenue du séisme qui a ravagé le pays en 2010. Outre les grandes quantités d'eau qu'ils ont apportées, ces ouragans ont en effet provoqué une érosion accélérée des terrains meubles, ainsi que la survenue de nombreux mouvements de terrain : ajoutées les unes aux autres, ces petites modifications du poids exercé sur la faille de Léogâne pourraient ainsi avoir accéléré sa rupture... qui serait de toute façon survenue un jour ou l'autre. Ce lien de cause à effet semble par ailleurs être confirmé par l'exemple de Taïwan où l'essentiel des séismes de magnitude supérieure ou égale à 5 survenus dans le pays depuis 50 ans a été précédé par le passage d'ouragans.

Une autre influence de ces phénomènes météorologiques pourrait être d'apporter de l'eau dans le sous-sol jusqu'au niveau des failles, et jouer ainsi le rôle de lubrifiant facilitant la rupture et donc la survenue de séismes.

Quelle implication du changement climatique sur l'activité sismique ?

La survenue ces dernières années de nombreux séismes ayant fait la une des journaux peut donner à croire à une augmentation de la sismicité mondiale, que certaines personnes s'empressent de mettre en lien avec les phénomènes de changement climatique. Cette conclusion est bien évidemment hasardeuse et pour le moins hâtive, et la sismicité mondiale demeure globalement stable : tout juste peut-on noter que les capacités de détection des séismes n'ayant eu de cesse de progresser depuis près d'un siècle en même temps que nos moyens d'information, il y a une augmentation mécanique du nombre de séismes mentionnés dans nos journaux…

Mais qu'en sera-t-il demain, si comme l'annoncent les experts du GIEC, le climat évolue avec des variations de température importantes et l'élévation importante du niveau des océans ? Selon toute vraisemblance, les effets seront négligeables sur la sismicité à l'échelle mondiale. Néanmoins, il est attendu que la fonte des calottes glaciaires du Groenland et d'Antarctique se traduise in fine par une augmentation de la sismicité de ces régions. Si cela devrait, selon certains spécialistes, pouvoir être observable à très court terme (une dizaine d'années environ), il ne devrait cependant pas y avoir de conséquences notables sur l'aléa sismique de ces régions avant des siècles.

Par ailleurs, les changements climatiques annoncés engendreront nécessairement une modification des taux d'érosion : augmentation de l'érosion dans les régions soumises à des précipitations plus marquées, et à l'inverse érosion plus faible dans les régions devenues arides. A moins que la disparition de la végétation ne l'y accélère... Bref : difficile de dire dans quel sens ces grands bouleversements climatiques joueront à l'avenir en termes de sismicité.

3 Vivre avec les tremblements de terre

3.1 Des bâtiments intrinsèquement vulnérables

« Ce ne sont pas les séismes qui tuent, mais l'effondrement des bâtiments ». Usé jusqu'à la corde, ce mantra du génie parasismique n'en demeure pas moins parfaitement pertinent et évocateur, car force est de reconnaître que les autres espèces animales qui peuplent la planète s'en tirent généralement beaucoup mieux que l'Homo Sapiens lambda, qui aux premières commotions de la Terre se retrouve pris au piège de ses propres constructions qui vacillent : symboles de sa réussite et de son accession au plus haut niveau de l'évolution, ses bâtiments peuvent devenir en un instant des ennemis mortels.

Le syndrome de Babel

Hormis les effets induits par les séismes, tels que les tsunamis ou les mouvements de terrain, face auxquels l'homme est pareillement vulnérable que n'importe quel mammifère terrestre, les effets des séismes sont considérablement plus dangereux pour les humains que pour n'importe quel autre animal. Cela se comprend aisément ! Imaginez par exemple l'effet de secousses très violentes sur des vaches broutant tranquillement dans les alpages : un stress intense, peut-être une chute d'un ruminant déstabilisé ?... Et c'est terminé ! Les mêmes secousses sur un bâtiment et l'histoire est différente : comme un rappel à la fameuse tour de Babel dont les fondations furent détruites comme punition à son élévation, les ouvrages construits de mains d'hommes sont vulnérables et peuvent être mis à bas par quelques ébranlements souterrains.

Après le séisme qui ravagea la Guadeloupe et en particulier la ville de Pointe-à-Pitre le 8 février 1843, M. Cozals, alors directeur des fortifications de l'archipel, consigna ses observations dans une note consacrée au séisme, et en tira pour l'époque de précieux enseignements dont un avant-goût est donné dès l'introduction du document : « ce désastre est dû principalement à la mauvaise construction des bâtiments ». Et de poursuivre : « une des principales causes de la destruction des bâtiments de la Pointe-à-Pitre, de la Grande-Terre et de Marie-Galante, est la mauvaise manière d'asseoir les fondations ». Pour preuve : à Pointe-à-Pitre, les maisons en moellons calcaire (dont l'auteur note qu'« il est impossible de rien trouver de meilleur ») résistèrent mieux aux secousses que les autres bâtiments.

Rien de très nouveau cependant sous le soleil des Antilles, puisque depuis le XVIIIe siècle le conte traditionnel des *Trois petits cochons* nous apprend, dès le berceau, que la résistance d'une maison dépend fortement de sa construction ! Mais au jeu du parasismique, la solidité intrinsèque des matériaux utilisés n'est pas la garantie d'une bonne résistance, et la brique comme la pierre ne prévalent pas nécessairement sur le bois et la chaume.

Les effets du mouvement

Lorsque la Terre tremble, les bâtiments sont mis en mouvement dans toutes les directions, avec généralement des secousses plus fortes horizontalement que verticalement. Or, les bâtiments ont au quotidien comme première préoccupation de faire face à la gravité terrestre : ils sont donc d'abord conçus pour tenir debout en résistant à leur propre poids et accommodent plutôt bien, jusqu'à une certaine limite, les mouvements verticaux du sol. En revanche, les brusques accélérations horizontales se révèlent autrement plus difficiles à supporter, d'autant plus qu'elles peuvent être très violentes.

En effet, Isaac Newton nous a enseigné que d'un objet soumis à une accélération résultait une force d'inertie proportionnelle à la masse de cet objet : autrement dit, en cas de freinage d'urgence, la force qui vous propulsera vers l'avant sera d'autant plus forte que le freinage (qui n'est rien d'autre qu'une décélération, donc une accélération négative) sera violent et que votre masse corporelle sera importante. Ainsi, une accélération horizontale appliquée à un bâtiment (de masse relativement conséquente donc) résulte en une force considérable l'entraînant alternativement d'un côté et de l'autre. Appliquées à la base des bâtiments, les sollicitations horizontales se propagent à toute la structure en produisant des efforts de flexion et de torsion, ainsi que de dangereux déplacements relatifs entre les différents étages.

Notons au passage que tout n'est pas affaire d'accélération, certains ouvrages étant plus sensibles à la vitesse de déplacement du sol, voire au déplacement final : l'on comprend en effet intuitivement qu'un bâtiment construit à l'aplomb d'une faille dont les deux bords se déplaceraient en des directions opposées irait au-devant de grands dommages, indépendamment de l'accélération ou de la vitesse de ce mouvement.

1er facteur décisif : le choix du terrain

En fait, une maison qui résiste bien aux séismes est d'abord une maison dont le site a été choisi avec attention. Première précaution à prendre, les ondes sismiques ayant la fâcheuse tendance à s'amplifier sur les zones de relief ainsi que dans les formations géologiques meubles, il est préférable d'éviter d'implanter sa maison à proximité de fortes ruptures de pentes ou de sols très meubles, au risque de subir des secousses plus fortes encore que ses voisins. Pour se prémunir de mauvaises surprises, mieux vaut également se renseigner sur la susceptibilité du site convoité à tel ou tel effet induit : mouvements de terrain, liquéfaction du sol, etc. Enfin, les sites présentant une forte pente ne sont pas non plus très indiqués...

Plus facile dans ces conditions de trouver le terrain idéal en plaine plutôt qu'en montagne, encore qu'un terrain plat corresponde souvent à des formations sédimentaires plus ou moins meubles... donc potentiellement susceptibles d'amplifier les ondes sismiques ! Pas de panique, car si le terrain parfait n'existe pas (ou que ces parcelles convoitées sont déjà prises), il est tout de même dans la plupart des cas possible de construire des maisons résistantes aux séismes, à condition de prendre en compte les spécificités du site d'implantation dès la phase de conception.

Le parasismique : du sur mesure plutôt que du prêt à bâtir

L'adjectif *parasismique* renvoie souvent à l'image d'un gratte-ciel de béton, de verre et d'acier ultra-moderne et quasiment indestructible, volontiers implanté sur les côtes californiennes ou nippones. Et il est bien entendu impensable que les ondes sismiques puissent occasionner le moindre dommage à ce colosse, ni la moindre fissure dans ses plâtres : elles le traversent comme le vent caresse le roseau, en le faisant osciller négligemment. Sans être complètement fausse (l'on sait construire des gratte-ciels en zone très sismique, pour certain dotés d'isolateurs, de vérins ou autres balanciers géants), cette représentation est, à bien des égards, caricaturale.

D'abord parce qu'un bâtiment parasismique ne constitue pas une assurance tous risques : sa fonction minimale et principale demeure de sauver la vie de ses occupants en cas de séisme, pas de ne subir aucun dommage quelle que soit la force des secousses. En bons gardes du corps, certains bâtiments peuvent donc se sacrifier pour notre sécurité, au point de n'être ensuite plus bons qu'à être détruits.

L'endommagement d'un bâtiment conçu selon des règles de construction dites *parasismiques* n'est donc pas nécessairement le signe d'une mauvaise conception ou d'un défaut d'exécution de la structure. Comme l'écrasement des pare-chocs d'une voiture atteste que ceux-ci ont bien joué leur rôle de protection, certaines parties de bâtiment peuvent être conçues de sorte à pouvoir se déformer et ainsi se comporter comme des amortisseurs permettant de dissiper une partie de l'énergie sismique. Le tout est de veiller à ce que cet endommagement soit contrôlé, et qu'il n'entraîne pas de danger significatif pour les occupants.

Pour arriver à ce résultat, les ingénieurs combinent différents types de matériaux et de procédés constructifs de manière à disposer de parties rigides (solides jusqu'à un certain point, puis cassantes), flexibles (permettant une déformation élastique), et ductiles (déformables mais sans rupture). Il s'agit donc d'un savant équilibre entre résistance des matériaux, déformabilité temporaire et possibles dommages permanents.

En pratique, des normes de construction parasismiques sont en vigueur dans de très nombreux pays du monde exposés aux séismes, et pas seulement dans les zones sujettes aux séismes les plus forts. Ainsi la France dispose-t-elle d'une réglementation parasismique depuis les années 1960, et la construction de bâtiments neufs doit prendre en compte ces règles spécifiques, non seulement aux Antilles – territoire de la République le plus exposé au risque sismique – mais également en métropole où l'aléa est considérablement plus faible, mais bien réel ! Cela s'explique par le fait que les exigences ne sont pas les mêmes partout, et sont au contraire proportionnées à l'intensité des secousses attendues localement. Certains pays ont même recours à de savants calculs « d'inversion du risque » pour, à partir d'un niveau de risque jugé acceptable, définir localement le niveau d'exigence de la réglementation parasismique à imposer de sorte à atteindre précisément ce niveau de risque en tout point de leur territoire. Ainsi, construire exactement le même type d'ouvrage nécessitera le respect de règles autrement plus contraignantes à Fort-de-France qu'à Nice, pour deux constructions qualifiées au final de parasismiques.

Rien ne sert de courir, il faut concevoir à point

Une fois le site choisi, il ne faut surtout pas se précipiter à construire sous peine de déchanter au premier séisme venu. Car la bonne tenue d'un bâtiment face à un séisme répond à un certain nombre de mesures simples qu'il faut respecter à la lettre... sauf à en contourner quelques-unes de manière habile, au moyen de savants procédés et de calculs ingénieux.

Tout d'abord, l'expérience montre que les bâtiments qui résistent le mieux aux séismes, sont ceux ayant des formes géométriques simples. Cette observation empirique (comprise et bien expliquée par la théorie) justifie l'une des règles de base du parasismique : favoriser la régularité des bâtiments. Guère originale, la forme idéale serait donc le carré ou le rectangle, à condition cependant que celui-ci ne soit pas trop élancé. A l'inverse, les formes plus complexes et irrégulières, telles que les structures en « L » ou en « T », ont tendance à moins bien résister, les différentes ailes de ces bâtiments se comportant de manière différente : gare à l'endommagement de leurs jonctions !

De même qu'il est préférable que les plans soient réguliers et symétriques, cette même règle s'applique en élévation : c'est-à-dire qu'il faut éviter les discontinuités de forme entre les étages. Il faudrait donc, en quelque sorte, privilégier la forme d'une brique parfaite : l'architecture des immeubles collectifs des années 1960/1970 en somme... Est-ce là le prix à payer de la protection aux séismes, que de faire le deuil de toute originalité architecturale ? Heureusement pas ! Car à chaque problème le génie parasismique trouve une solution : Roi Soleil, vous rêvez d'une galerie très élancée reliant deux somptueux pavillons ? Nous vous découperons le tout en blocs autonomes séparés les uns des autres par des joints parasismiques, évitant ainsi les entrechoquements entre les différentes parties. A moins que vous ne décidiez d'implanter cette folie à Versailles où les séismes se font rares, ce qui vous dispensera de dispositions parasismiques particulières : bien vu, Sire !

Cela étant, le parasismique n'est pas qu'une histoire de dessins d'architecte : ce serait trop simple ! La régularité ne doit en effet pas être une simple affaire géométrique, mais doit s'appliquer également à la distribution des masses ainsi qu'à la rigidité des étages. Une cage d'escalier anodine située dans un angle du bâtiment peut, par exemple, constituer un point dur autour duquel va se créer un effet de torsion. De simples boutiques en rez-de-chaussée, de par leurs parois vitrées, rendent l'étage plus souple et peuvent entraîner l'effondrement de tout un immeuble. Dès lors, les services d'un ingénieur peuvent se révéler précieux en plus de ceux de l'architecte...

Dernier point essentiel : le contreventement ! N'importe quel bricoleur du dimanche ayant conçu une étagère avec quatre planches pourra en témoigner : appuyez-vous dessus et elle s'effondrera ! Fixez-y un simple fond, ou joignez les angles opposés par un dispositif ne pouvant être étiré (tige métallique ou bande de tissus solide), et, magie du contreventement, le fruit de votre labeur dominical gagnera une appréciable solidité.

Cruelle résonnance

Comme une balançoire poussée au bon rythme s'élève sans effort, tout objet peut entrer en résonnance, pour peu que lui soit appliquée une sollicitation prolongée correspondant précisément à sa fréquence de résonnance, aussi appelée *fréquence propre*. Parmi les exemples bien connus, citons notamment le verre de cristal raisonnant jusqu'à éclater face à une voix pure (fréquence stable) et suraiguë (fréquence importante), ou encore l'oscillation puis l'effondrement de ponts suspendus sous l'effet de rafales de vent ou des pas cadencés de régiments de soldats.

N'échappant pas à la règle, il en va de même pour les ouvrages que pour les balançoires : ils disposent chacun de leur fréquence de résonnance. Celle-ci dépend de la manière dont les masses sont distribuées dans l'ouvrage, ainsi que de la raideur des matériaux utilisés. De manière générale, les bâtiments de grande hauteur ont tendance à présenter des fréquences de résonnance assez basses, alors que les bâtiments peu élancés présentent au contraire des fréquences de résonnance importantes.

Ainsi, soumis aux mêmes secousses sismiques, deux bâtiments voisins pourront être affectés plus ou moins durement, selon que la fréquence dominante de ces secousses sera plus ou moins proche de leurs fréquences de résonnance respectives. L'enjeu est donc de faire en sorte d'éviter au maximum que des ondes sismiques puissent faire entrer un bâtiment en résonnance. Comment ? Par exemple en favorisant des constructions relativement souples sur des sols rigides, ou à l'inverse des constructions plus rigides sur des sols sédimentaires mous.

La vulnérabilité accrue de nos anciens (bâtiments)

Les quelques paragraphes précédents vous auront, je l'espère, convaincus de l'importance de bien construire sa maison lorsque l'on habite dans une région où l'aléa sismique est avéré. Peut-être en tirerez-vous quelques conséquences pratiques si vous choisissez de faire construire un logement neuf ? Mais – il y a toujours un mais – cela risque j'en conviens de vous être peu utile si vous habitez dans un bâtiment ancien, construit avant que n'entrent en vigueur les premières règles de construction parasismique. Car, c'est là qu'est l'os, nous n'allons tout de même pas détruire nos édifices anciens – châteaux, églises ou simples mas et longères – pour édifier à la place de solides immeubles résistant aux tremblements de terre ! Imaginez donc la difficulté à laquelle doit faire face l'Italie, pays au patrimoine plus que deux fois millénaire, dont une grande partie du territoire est fortement exposée au risque sismique...

De fait, dans de nombreux pays exposés, une grande partie de la population réside dans des bâtiments vulnérables, construits sans aucune prise en compte du risque sismique. Et ce n'est pas le faible taux de renouvellement du bâti qui permettra de résorber la situation de sitôt.

Il est heureusement aujourd'hui possible de conforter des bâtiments anciens, avec des dispositifs respectant (plus ou moins) leur intégrité esthétique et patrimoniale. L'objectif est d'agir sur tous les facteurs de vulnérabilité, de sorte à les réduire : réduction des masses afin que le bâtiment soit soumis à des forces moins importantes, renforcement des fondations ou du chaînage, ajout de systèmes de contreventement, etc. Tout est permis... ou presque. Cela peut passer par un renforcement de la structure existante (solution la plus discrète), ou, au besoin, par l'ajout d'une nouvelle structure porteuse en soutien de la structure existante (solution un brin plus voyante, mais rudement efficace).

Face à la fragilité de nos édifices, et quel que soit leur âge, la meilleure des préventions contre les séismes demeure donc définitivement bien de construire, ou de renforcer, selon des règles parasismiques.

3.2 Vulnérabilité : une maladie aussi sociale

Mis à part les événements naturels « induits » déclenchés par les séismes, il est clairement établi que les secousses sismiques présentent un grand danger du seul fait qu'il y a de nombreuses constructions – bâties de mains d'hommes – à détruire. Est-ce là à dire que seuls nos ouvrages sont vulnérables aux séismes ? Mais où peuvent bien se cacher les autres facteurs de vulnérabilité, sur lesquels agir pour aborder plus sereinement le prochain « Big One » ?

Non pas une, mais différentes formes de vulnérabilité

Imaginons-nous réaliser une expérience de laboratoire, construire la maquette d'une ville, et y positionner différentes populations. Exposées à un même échantillon de séismes dans la même ville, ces différentes populations « témoins » s'en sortiraient-elles toutes de la même façon ? Probablement pas, et il est fort à parier que l'échantillon « population japonaise », rompu à l'expérience des séismes, s'en tirerait autrement mieux que l'échantillon « français métropolitains », pour qui « tremblement de terre » est avant tout synonyme d'ailleurs. En bons expérimentateurs, nous en conclurions que le risque sismique est, certes, fonction d'une part du séisme considéré et de quelques autres configurations naturelles (de l'aléa donc), et d'autre part de la résistance des bâtiments dans lesquels les populations se trouvent, mais également des populations elles-mêmes (voici pour la vulnérabilité) ! Il est donc quelque peu restrictif de n'aborder la vulnérabilité que sous l'angle de la solidité des bâtiments, et raisonnable d'accepter que notre « fragilité » aux séismes dépende également de facteurs sociaux.

Ainsi, le concept de *vulnérabilité sociale* peut se définir comme la prédisposition ou la sensibilité d'une population, d'une société, ou encore d'un territoire, à être affecté par la survenue d'un événement, et résulte donc d'innombrables facteurs de fragilité. Elle se distingue du concept de *vulnérabilité physique*, qui se limite pour sa part à considérer les facteurs de fragilité pouvant donner lieu à des dommages directs, indépendamment de la réaction de la société à l'événement considéré : ce qui revient essentiellement à s'intéresser aux biens matériels (bâtiments, ouvrages d'art, réseaux de transport et de télécommunication, etc.), et aux dommages qu'ils peuvent subir en cas de survenue d'une catastrophe naturelle. D'autres formes de vulnérabilité peuvent également être considérées, comme la *vulnérabilité environnementale* par exemple (ex. les dommages qu'un séisme peut occasionner sur l'environnement : changement d'écoulement de sources souterraines, destruction d'habitats pour la faune sauvage liée à des glissements de terrain induits, etc.), mais elles passent souvent au second plan puisque ne présentant pas un risque direct pour les personnes.

Les différentes facettes de la vulnérabilité sociale

Le périmètre de la vulnérabilité sociale étant très large, le risque est d'en faire un concept fourre-tout peu utile. Aussi, afin d'éviter cet écueil et de permettre de réduire le risque sismique par des actions concrètes, la notion de vulnérabilité sociale doit être précisée et traduite en des termes pratiques. A cette fin, les sciences sociales – et notamment les géographes – en distinguent plusieurs facteurs déterminants, à savoir la capacité :

- À anticiper l'occurrence des séismes (par la réalisation d'études d'aléa sismique, ou l'entretien de la mémoire des séismes passés) ;
- À s'adapter à l'existence de cet aléa (par la limitation de l'exposition des enjeux, l'adoption de règles de construction adaptées au niveau d'aléa, etc.) ;
- À se préparer à l'occurrence de séismes (par l'apprentissage des bons gestes à adopter en cas de séisme, la formation aux gestes de premiers secours, la planification de la gestion de crise, etc.) ;
- À se comporter de manière adaptée en cas de séisme : outre la bonne application des connaissances théoriques, il s'agit de faire preuve de capacités d'anticipation, d'adaptation et de réactivité ;
- À gérer efficacement l'après séisme (par la prise en charge des populations sinistrées et la reconstruction rapide des bâtiments endommagés).

Dans les faits, ces capacités peuvent être évaluées aussi bien à l'échelle individuelle que collective. Ainsi demandera-t-on à un panel d'individus, des informations sur la manière dont ils ont vécu le séisme, mis en pratique les consignes d'autoprotection dispensées par les autorités (les connaissent-ils seulement ?), se sont déplacés suite au séisme, évaluent l'action des autorités… L'on pourra également se retourner vers les services de statistiques compétents afin d'obtenir une batterie d'indicateurs relatifs au territoire et à sa population, et nous renseignant pêle-mêle sur : la socio-économie, la démographie, les habitudes de transports, les tendances politiques, l'âge moyen du capitaine, etc.

Ce que révèle notre expérience (et que confirment les études consacrées à la question), c'est que les différentes formes de vulnérabilité aux séismes ont tendance à se concentrer sur certaines populations. Ainsi, les populations habitant les bâtiments les plus vulnérables aux séismes coïncident également souvent à celles considérées comme étant elles-mêmes les plus vulnérables. Cela peut notamment s'expliquer par une certaine précarité économique qui ne permet pas à ces personnes de pouvoir faire le choix de déménager vers des habitats plus sûrs, ou de renforcer leurs maisons. Mais cela va parfois plus loin, notamment dans les pays où l'auto-construction de fortune est très développée, lorsque les personnes les plus pauvres n'ont d'autre choix que de construire leur habitat là où personne d'autre ne souhaite construire, et où le danger est le plus fort en cas de survenue d'un séisme (mais également d'une inondation, d'un cyclone, etc.). A Haïti, il est ainsi courant de voir des constructions de fortune collées au pied de parois rocheuses sujettes aux éboulements, ou nichées tout prêt de leurs crêtes. Pas franchement sécurisant… Autre facteur important de vulnérabilité sociale, le niveau de connaissance des comportements à adopter en cas de séisme semble être très corrélé au niveau de formation des individus, défavorisant une fois encore les populations les plus précaires.

Et nous, sommes-nous socialement vulnérables ?

En France, la fréquence des séismes destructeurs demeure relativement faible et limite de fait notre expérience à y faire face, ce qui, selon l'adage « l'expérience ne s'apprend pas mais s'acquiert », a probablement comme conséquence une vulnérabilité sociale accrue.

De plus, le danger en cas de séisme est lié non seulement à l'effondrement de bâtiments, mais aussi à la chute d'éléments n'affectant pas la solidité des édifices, mais pouvant facilement se transformer en projectiles mortels : chutes de cheminées, de tuiles, de portions de murs de remplissage, de vitres cassées ou autres pots de fleurs… Dans ce contexte, la mobilité des individus constitue un élément décisif de leur vulnérabilité : faire le choix de fuir par des ruelles étroites fera assurément de vous un parfait exemple du cobaye « socialement plus vulnérable ».

Mais cette vulnérabilité sociale ne se dessine pas qu'à l'échelle individuelle, et dépend en grande partie de facteurs collectifs. Prenons le cas d'un séisme survenant dans un pays aux doctrines de sécurité civile claires et connues de tous. Passées les secousses, la population évacuera massivement les bâtiments pour limiter le risque en cas de répliques. Dans ce même pays, un accident nucléaire entraînera au contraire le confinement général. Mais dans le cas où c'est précisément un séisme qui endommage une installation nucléaire, que fait-on ? La perspective d'une irradiation n'est en effet guère plus plaisante que celle d'un écrasement... Laissons-là ce choix cornélien, car ce sont des questions que doivent en premier lieu se poser les instances compétentes. Demeure la certitude que si les consignes de protection doivent être bien connues de tous, elles éprouvent nécessairement des limites que les autorités doivent pouvoir être en mesure d'anticiper, ou à défaut avec lesquelles les citoyens doivent apprendre à composer.

Un autre facteur de vulnérabilité sociale important ne se découvre quant à lui qu'après les secousses terminées : il s'agit de l'expression de la solidarité en soutien aux populations sinistrées, et tout particulièrement des formes de solidarité locale. Il est en effet d'autant plus facile de se relever rapidement d'un séisme, que l'on aura pu être accompagné, écouté, pris en charge ; à plus forte raison si les gens qui nous viennent en aide nous sont connus. Concourant à la résilience d'une société, cette solidarité est généralement considérée comme étant plus forte à la campagne (où « tout le monde se connaît ») qu'en milieu urbain (où « l'on ignore jusqu'au nom de son voisin »). S'ajoute à cela une importante composante culturelle : par exemple, habitués de vivre dans des conditions difficiles, les habitants de nombreux pays très sismiques sont souvent fatalistes (pour ne pas dire philosophes) par rapport à l'effondrement de leurs maisons, alors qu'il est à l'inverse fort à parier que l'acceptabilité serait bien moindre dans des cultures occidentales plus matérialistes...

Lorsque l'on s'y penche d'un peu plus près, l'on s'aperçoit rapidement que beaucoup de ce qui fait nos vies peut, d'une manière ou d'une autre, avoir une incidence sur la manière dont nous ferions face à un séisme, ou à toute autre catastrophe : lieux d'habitation, réseau social, modes de transports, etc. Il est donc illusoire d'imaginer une quantification fine de cette fameuse *vulnérabilité sociale*, et l'important réside au contraire dans l'identification des grands facteurs de risque qui constituent autant de leviers sur lesquels agir. Ce faisant, cela permet d'opérer des changements dans notre manière d'aborder notre protection vis-à-vis des séismes, et de rendre plus efficaces et cohérentes les différentes politiques menées en matière de prévention et de gestion de crise.

3.3 Prédire où et quand aura lieu le prochain séisme destructeur

Saura-t-on un jour prévoir les séismes comme l'on prévoit, à quelques heures, la trajectoire d'un cyclone ? L'enjeu est considérable pour la protection des vies humaines. D'innombrables pistes ont déjà été explorées. En vain ! Aucune n'a jusqu'ici donné de résultat suffisamment robuste pour permettre l'évacuation préventive des populations. Véritable Graal de la sismologie, la prévision fiable à court terme est-elle un objectif utopique inatteignable en raison de la nature même des séismes, ou un fol espoir rendu possible grâce aux progrès des connaissances et des technologies ?

De curieux phénomènes qui précèdent les séismes

Depuis que les sages philosophes de l'Antiquité ont tenté d'expliquer le monde qui les entourait par des causes rationnelles, de nombreuses observations de phénomènes inhabituels faites à l'occasion de séismes ont été soigneusement consignées et nous sont parvenues. Ainsi, très tôt ont été mentionnées d'étranges concomitances entre la survenue de séismes, et des phénomènes aussi divers que des conditions météorologiques anormales préalablement au séisme (pluies intenses ou au contraire grandes sécheresses), des observations astrophysiques particulières telles que le passage d'une comète ou l'observation d'une tache solaire, des comportements animaux anormaux, ou encore la fluctuation du niveau d'eau dans les puits. Il ne s'agissait tout d'abord donc pas tant d'utiliser ces signes pour alerter, mais bien pour tenter de comprendre ce qui pouvait bien faire trembler la Terre. Encore que quelques philosophes furent connus en leur temps pour avoir prédit avec succès des séismes, comme Phérécyde de Syros (qui fit entre autres prédictions, celles du naufrage d'un navire et du siège de la ville de Messène), dont la prédiction d'un séisme fit dire à Cicéron qu'il méritait « moins le titre de devin que celui de physicien ».

Ce n'est que plus tard que, le temps et la compréhension scientifique des choses avançant, les savants se sont véritablement mis en devoir de prédire les séismes, comme ils l'avaient fait naguère pour la météorologie. Ce qu'exprimait quasiment mot pour mot Camille Flammarion au lendemain du séisme de Lambesc qui ravagea la Provence le 11 juin 1909 : « Le progrès marche, et le génie de l'homme prendra possession de la Terre comme il a su prendre possession du ciel, en soumettant au calcul tous les grands phénomènes cosmiques ».

Mais c'est encore quelques décennies plus tard, dans les années 1960/1970, que le sujet a vraiment commencé à mobiliser largement la communauté scientifique, avec des programmes d'ampleur d'acquisition de données, à la fois en laboratoire et sur le terrain. En la matière, l'exemple le plus notable est celui de la Chine qui s'investit massivement sur le sujet après avoir subi plusieurs séismes meurtriers. La prédiction sismique paraissait en effet tout à fait à la portée de la Chine de Mao : n'avait-il après tout pas réussi à équiper son pays de la bombe atomique dès 1964, et n'était-il pas sur le point de lancer le premier satellite chinois ? Il aurait donc raison des séismes ! La « Révolution culturelle » privilégiant alors la mobilisation de la foule immense et anonyme du peuple plutôt que celle des intellectuels, 100 000 Chinois furent sensibilisés à la va-vite à la détection des « anomalies présismiques » : élévation du sol ou de niveau des puits, comportements animaux suspects… Rapidement, les zones les plus sismiques de Chine furent ainsi instrumentées à tout va avec des instruments de fortune, et les comportements animaux observés tous azimuts, la quantité des données collectées primant sur leur qualité.

L'observation simultanée et croisée de toutes ces observations donna lieu à la prédiction du séisme de magnitude 7,3 qui ravagea la ville de Haicheng le 4 février 1975, ce dont se glorifia la Chine et ce qui impressionna le monde entier. Néanmoins, ce n'est semble-t-il pas l'alerte décrétée par les autorités qui encouragea les habitants à évacuer en masse leurs domiciles, mais bien les nombreuses secousses qui ont précédé le choc principal. Par ailleurs, la même méthode échouera un an plus tard à prédire le séisme de magnitude 7,8, qui détruisit la ville de Tangshan et fit près de 600 000 victimes. L'analyse après coup des montagnes de données collectées avant le séisme permit cependant aux scientifiques chinois de repérer des effets présismiques, tels que des variations rapides et significatives de niveaux d'eau dans des puits, ou des variations de résistivité électrique du sol.

Parallèlement, les Japonais, les Russes et les Américains, compilèrent chacun de très nombreuses données démontrant que les séismes s'accompagnent souvent de manifestations présismiques : variation de l'activité sismique avec apparition d'*essaims sismiques*, phénomènes électromagnétiques et lumineux, élévation du niveau du sol, modification de l'écoulement des sources et de la composition chimique des eaux, etc.

Mais il s'agit là le plus souvent d'observations reliées a posteriori à la survenue de grands séismes : difficilement compréhensibles avant la secousse, ils ne furent interprétés qu'après coup comme autant de probables signes précurseurs... Restait donc encore à comprendre les phénomènes responsables de ces manifestations, et à caractériser leur potentiel prédictif.

Des signes révélateurs des contraintes exercées en profondeur

Plusieurs des signes présismiques observés seraient naturellement liés à la compression des roches autour de la zone de faille, celle-ci se traduisant par l'apparition de microfissures ou par un changement de propriétés des matériaux. La surveillance fine de ces phénomènes pourrait donc potentiellement nous alerter de l'imminence d'une rupture.

Dans les années 1960, des scientifiques russes ont par exemple remarqué des ralentissements significatifs de la vitesse de propagation des ondes sismiques peu de temps avant la survenue de tremblements de terre. Imputées au phénomène dit de *dilatance*, de fracturation de roches créant des fissures en profondeur susceptibles de ralentir la propagation de certaines ondes, ces observations auguraient donc de la perspective d'une prédiction opérationnelle via des dispositifs de mesures répétées de la vitesse de propagation des ondes sismiques dans le sol. Hélas, la reproductibilité du phénomène n'a pas été au rendez-vous, et de telles variations ont également été observées sans qu'aucun séisme ne survienne ensuite...

Dans les années 1980, ce sont des anomalies dans les mesures des courants électriques naturels dans le sous-sol qui ont été mis en évidence à l'approche de séismes. La cause de ce phénomène est probablement liée à la compression des cristaux de quartz (présents en quantité dans nombre de formations géologiques) qui ont une propriété piézoélectrique bien connue de produire un courant électrique lorsqu'on leur applique une contrainte. Cette méthode, appelée « VAN » du nom de ses inventeurs (Varotsos, Alexopoulos, Nomicos), a suscité de nombreux espoirs, notamment en Grèce où elle a donné lieu à plusieurs prévisions apparemment couronnées de succès. Cependant, outre sa reproductibilité aléatoire, cette méthode « magique » avait contre elle d'être scientifiquement fragile : il est par exemple physiquement difficile de justifier que de telles perturbations électriques puissent être repérables à plusieurs centaines de kilomètres d'une faille prête à rompre, à moins que celle-ci ne soit capable de créer des tensions de plusieurs centaines de Volts ! Difficile également d'admettre que des anomalies électriques puissent apparaître avant les séismes et jamais pendant, alors que les déformations intenses qui sont alors produites devraient également faire réagir les cristaux de quartz...

Compressées comme des éponges sous l'effet des contraintes, les zones de failles prêtes à rompre mettent les eaux souterraines sous pression, ce qui peut également expliquer de nombreux effets présismiques. Ainsi a-t-on déjà évoqué les très nombreux exemples de séismes qui ont été précédés d'une modification des chemins d'écoulement des eaux souterraines, pouvant par exemple donner lieu au tarissement de sources, ou à la modification du niveau de remplissage des puits. De plus, la composition chimique même de ces eaux est souvent changée, comme l'attestent les concentrations anormalement fortes en radon ou en sels dissouts observées avant certains séismes. La raison à cela ? La fracturation des roches augmenterait leur perméabilité, créant ainsi de nouveaux chemins de remontée des eaux souterraines, naturellement riches en gaz et minéraux de toutes sortes. La portée prédictive de ces observations n'est cependant pas évidente, tant ces dernières varient d'un séisme à l'autre. Concernant le cas spécifique du radon, et bien qu'un lien formel ait pu être établi entre sa concentration et la sismicité, d'autres facteurs entrent en jeu, tel que les conditions météorologiques, ce qui complique beaucoup la prédiction.

Des petits tremblements qui peuvent en annoncer des gros

Une autre indication de l'imminence d'un séisme peut venir de l'étude du niveau d'activité sismique. Ainsi, de nombreux séismes importants sont précédés de ce que l'on nomme rétrospectivement des séismes *précurseurs*. Mais une fois encore, bien maligne est la personne pouvant affirmer qu'un séisme donné est l'annonciateur d'un séisme plus important... ou simplement l'expression du réarrangement de contraintes souterraines. Il n'y a en effet souvent pas loin entre aller sonner le tocsin et donner du « dormez braves gens ».

De manière moins caricaturale, il n'est pas rare d'observer de petites crises sismiques dites « en essaims » qui précèdent des séismes importants, lesquels essaims agissent parfois comme des ordres d'évacuation naturels de populations inquiétées par ces vibrations incessantes. Mais la majorité de ces crises en essaims ne se concluent pas par un séisme destructeur, ce qui est fort heureux pour les habitants de la région de Barcelonnette (Alpes-de-Haute-Provence) qui présente une tendance naturelle à de tels sursauts d'activité sismique.

Quand les animaux entrent dans la danse

S'ils ne concentrent aujourd'hui plus guère d'espoirs au sein de la communauté scientifique en matière de prédiction opérationnelle des séismes, les comportements animaux étranges résument à eux seuls la problématique de la prévision des séismes aux yeux du grand public. Facilement observables, ces comportements sont régulièrement mentionnés depuis l'Antiquité dans le monde entier, et tout particulièrement au Japon et en Chine. Certains penseurs illustres s'en sont fait écho, comme Kant, qui reporte ainsi que « huit jours avant la secousse [ndlr. liée au grand séisme de Lisbonne de 1755], le sol des environs de Cadiz était recouvert d'une multitude de vers de terre qui avaient émergé du sol ». Fasciné par cette grande catastrophe que fut la destruction de Lisbonne par un séisme suivi d'un tsunami, Kant s'est beaucoup documenté sur ce séisme, bien qu'il n'en ait pas été le témoin direct. Pour autant, les observations émanant de témoins directs sont si nombreuses, qu'il n'est pas permis de douter de leur véracité, ce qui laisse présumer une hypersensibilité de certaines espèces animales à quelques effets présismiques. Concernant le témoignage de Kant, il a été conforté à plusieurs reprises, et notamment par des observations similaires effectuées lors d'un séisme taïwanais en 1999.

A l'instar des vers de terre, les effets les plus marquants sont ceux de colonies entières d'animaux fuyant leur habitat, faisant fi du risque de périr dans cette fuite : ainsi ne compte-t-on plus les mentions de routes envahies par d'innombrables crapauds, souris ou autres serpents, quelques jours avant la survenue de séismes importants. Et pas besoin de revenir à de vagues témoignages de temps anciens, de telles observations nous parviennent encore régulièrement, photos à l'appui, comme préalablement aux séismes du Sichuan (Chine) survenu en 2008 et de L'Aquila (Italie) survenu en 2009, où des crapauds ont préventivement fait leurs valises. Mais ce sont également des éléphants fuyant la côte avant le déferlement du tsunami à Sumatra en 2004, des chevaux devenus fous, ou des poissons des grandes profondeurs qui remontent et s'échouent sur les plages.

Peu d'études sérieuses ont à ce jour été consacrées au sujet en l'étudiant avec la rigueur scientifique requise. L'enjeu est pourtant important, puisqu'il s'agit de dépasser l'idée collective selon laquelle « il paraîtrait que les animaux peuvent ressentir l'imminence de séismes », par la vérification de la robustesse statistique de cette hypothèse, et le cas échéant par une identification des mécanismes à l'œuvre. La tâche est cependant ardue, dans la mesure où les observations disponibles sont souvent rapportées de manière subjective. Les manifestations jugées anormales sont en effet déclarées comme telles qu'après l'occurrence d'un séisme. En l'absence de séisme, les mêmes comportements seront généralement passés sous silence, non consignés dans de savantes notes.

C'est que les comportements animaux apparemment irrationnels demeurent relativement fréquents, et qu'ils ne sont pas tous suivis de séismes. Inversement, de nombreux séismes surviennent dans une apparente insouciance de nos amis les bêtes...

La prévision des séismes a-t-elle un sens ?

D'un point de vue théorique, l'idée même qu'un séisme puisse être prédit a fait l'objet d'un intense débat scientifique. Les séismes résultant d'un phénomène chaotique hautement imprévisible qui dépend de manière très sensible d'une infinité de paramètres, il est en effet légitime de penser qu'il nous sera à tout jamais impossible de les caractériser avec une précision suffisante pour faire des prévisions fiables. Ainsi, au moment où une rupture s'initie, celle-ci peut aussi bien se propager à l'ensemble d'un segment de faille (voire de plusieurs segments voisins) pour provoquer un important séisme, ou au contraire être rapidement stoppé. La différence ? Presque rien : une petite aspérité le long de la faille qui suffit à bloquer le glissement à temps, un peu moins d'eau sous pression pour participer au décollement des lèvres de la faille, une structuration minéralogique qui favorise ou non la propagation de la rupture...

Cette vision a de quoi doucher tout espoir de prévision, dans la mesure où elle suggère que, quand bien même nous aurions une connaissance parfaite des phénomènes physico-chimiques à l'œuvre et que nous serions en mesure de les modéliser, nous ne serons jamais en mesure d'instrumenter suffisamment les failles – objets qui s'étendent parfois sur des centaines de kilomètres de profondeur et qui plongent à des kilomètres sous nos pieds – pour en définir précisément l'état à un moment donné. Impossible dans ces conditions de disposer des valeurs des innombrables paramètres requis par les modèles.

Des perspectives malgré tout encourageantes

Le débat en était là, solidement appuyé sur des arguments imparables issus de la sismologie classique fondée sur la notion de cycle sismique : blocage de la faille, accumulation lente de contraintes avec déformations élastiques, puis brusque relâchement des contraintes – le séisme –, nouveau blocage, etc. Partout dans le monde, la multiplication de l'instrumentation des grandes failles a apporté son lot d'observations étranges, suggérant un phénomène sismique encore bien plus complexe que l'on imaginait. C'est ainsi que l'on a appris que récemment que les failles ne relâchaient pas forcement toujours leurs contraintes de manière brutale sous forme de séismes, mais qu'elles pouvaient également périodiquement glisser de manière progressive en ce que l'on appelle des *séismes lents* (nous y reviendront plus longuement au chapitre 4.3), produire de faibles grondements transitoires appelés *tremors*, ou encore des séismes très basses fréquences... La découverte de ces phénomènes transitoires, et de leur alternance avec des phases sismiques classiques, ouvre de nouvelles perspectives pour la prévision des séismes. Les observations réalisées au Chili montrent par exemple que des phases de glissements asismiques (*séismes lents*) ont précédé le grand séisme du Maule de magnitude 8,2 du 1er avril 2014. L'utilisation de ces découvertes à des fins de prédiction semble cependant encore lointaine, tant les phénomènes à l'œuvre sont complexes et encore largement méconnus.

Des nouvelles récentes parviennent également des laboratoires, où les scientifiques tentent depuis des dizaines d'années de comprendre ce qui se passe à l'échelle des failles, en tentant de les reconstituer – en miniature – dans leurs machines capables de mettre des échantillons de roches sous des conditions de pression et de température extrêmes. Récemment, des travaux menés au laboratoire américain de Los Alamos ont ainsi conduit à établir un modèle de prédiction redoutablement précis des ruptures de telles « failles artificielles ». Ce modèle permet, à partir de l'analyse de très nombreux enregistrements sismiques, d'estimer l'état de friction de la faille, et d'en déduire le temps restant avant la prochaine rupture. Ces progrès ont été rendus possibles grâce au recours à des techniques d'intelligence artificielle, et ouvrent une nouvelle voie dans la recherche sur la prévision des séismes. La puissance des calculateurs permet en effet de prendre en compte l'ensemble des enregistrements, y compris ceux jusqu'ici laissés de côté et qui pourtant semblent, d'après ces travaux, porteurs d'informations essentielles. La transposition de ce modèle de laboratoire aux failles réelles demeure en revanche un défi de taille, même si les premiers résultats obtenus sur une véritable faille de forme simple sont encourageants.

Les chercheurs n'ont donc pas dit leur dernier mot pour prédire les séismes, et les progrès de la science sont en la matière actuellement très rapides. Quels que puissent être les espoirs suscités par ces travaux, encore serait-il utile de préciser ce que l'on entend par « prévision », et surtout ce que l'on en attend.

Une prévision court ou long terme ?

Nous l'avons vu, si l'observation a posteriori – sur quelques séismes particuliers – d'effets présismiques ou de séismes précurseurs a souvent paru prometteuse, les espoirs ont systématiquement été déçus lorsqu'il s'est agi de s'en servir comme signes annonciateurs de l'imminence de séismes. Car, pour les humains que nous sommes, prédire c'est être en mesure de pouvoir dire, de manière reproductible, à la fois où et quand surviendra un séisme, et quelle sera son importance, autrement dit sa magnitude.

Il faut donc juger de la prédictibilité au regard de critères clairs et quantifiés : s'agit-il d'une prévision utile que de dire qu'une province japonaise donnée sera très probablement affectée par un séisme dans les six mois qui viennent, sachant que l'aléa sismique y est tel que des dizaines de séismes de magnitude supérieure à 5 y surviennent chaque année, des centaines de magnitudes supérieures à 4, des milliers de magnitudes supérieures à 3 ? Prédire l'occurrence prochaine d'un séisme dans les régions les plus sismiques du globe, n'a en effet pas plus de valeur que d'annoncer un temps pluvieux dans le mois à venir lorsque l'on habite en Bretagne. Posée autrement, la question pourrait être de savoir si toute méthode de prévision proposée est suffisamment précise pour pouvoir aider les autorités d'une ville à décider de la pertinence ou non d'en évacuer les habitants de manière préventive du fait de l'imminence d'un séisme ; sachant qu'il ne sera vraisemblablement pas jugé acceptable d'évacuer des régions entières, et que de telles évacuations ne semblent pas envisageables pendant plus de quelques jours...

Voici pour la vision de la prédiction à court terme, compatible avec les échelles de temps et d'espace dans lesquelles nous évoluons, nous agissons. Mais mettons en perspective la problématique de la prévision avec le phénomène naturel considéré, le séisme, qui est l'expression d'une activité tectonique qui s'applique à des échelles continentales. Ce phénomène résulte de la mise en mouvement de failles dont la taille peut atteindre des dizaines, voire des centaines de kilomètres, et le long desquelles l'occurrence de deux événements d'ampleur comparable peut être séparée de dizaines, de centaines, voire de milliers d'années. Nous percevons dans ce cas la difficulté du problème, et vu ainsi, il paraît déjà satisfaisant d'être en mesure de « prédire » la survenue d'un séisme de magnitude supérieure ou égale à une valeur donnée, à l'échelle d'une région donnée, et à un horizon d'une cinquantaine d'années. Cette forme de prédiction à long terme à un nom, il s'agit de l'évaluation de l'aléa sismique : ainsi, la carte d'aléa sismique de la France (dont découle le zonage sismique réglementaire) en est une parfaite illustration. Certes, il est difficile d'établir des actions immédiates de protection civile de court terme avec de telles « prédictions », mais il est en revanche possible de les utiliser pour établir des règles parasismiques adéquates, permettant de réduire les pertes lorsque des séismes importants surviendront.

Soulignons qu'il existe désormais des approches de « prédiction opérationnelle des séismes » permettant de moduler ces cartes d'aléa (de long terme donc) pour donner des indications sur le court terme, par la prise en compte des nombreuses observations évolutives en provenance du terrain : sismicité et microsismicité, mesures des champs de contraintes... Très concrètement, cela consiste en la production de cartes régulièrement mises à jour (quotidiennement ou de manière hebdomadaire), représentant la probabilité d'occurrence d'un séisme de magnitude donnée dans la semaine ou le mois à venir. Mais que dire d'une augmentation rapide de cette probabilité d'un facteur 100, lorsque sa valeur demeure intrinsèquement très faible (disons une chance sur 10 000) ?

C'est pour apporter des pistes de réponse à ce type de questions que, après le séisme meurtrier de L'Aquila survenu en Italie centrale en avril 2009, une commission internationale pour l'étude de la prédiction des séismes fut constituée dans l'urgence. Elle recommanda, outre la poursuite des efforts de recherche en la matière, d'établir, en toute transparence avec la société civile, des protocoles pour étayer la prise de décision face à de telles incertitudes. D'ici là, en attendant que de nouvelles avancées sur la prévision à court terme des tremblements de terre n'apportent des solutions opérationnelles, la prévention et la préparation des populations demeurent aujourd'hui la meilleure parade pour nous protéger des séismes.

3.4 Entendre les séismes

« Antequam terra moveatur, solet mugitus audiri... » disait Sénèque – en latin dans le texte – il y a de ça quelque 2 000 ans [« Avant que la terre ne soit déplacée, il est généralement un bruit rugissant... »]. L'on ne pourra donc pas dire que nous ne le savions pas : en tremblant, la Terre gronde. Il s'agit pourtant là d'un phénomène largement méconnu du grand public. Qu'y a-t-il à entendre derrière ces ondes acoustiques audibles… et derrière celles qui ne le sont pas ?

Des témoignages nombreux et concordants

Nombreux sont les témoignages historiques relatant des effets sonores plus ou moins marqués concomitants à la survenue de tremblements de terre. Ainsi, exposée à de fréquents petits séismes bien audibles, la ville de Moodus située dans l'État américain du Connecticut tire-t-elle par exemple son nom d'un mot indigène signifiant « là où des sons viennent du sol ».

La presse locale, ancienne ou beaucoup plus récente, donne généralement une grande place aux citations de témoins « oculaires » – ou en l'occurrence « auditifs » –, et regorge de beaucoup d'exemples attestant le phénomène. Si la comparaison sonore avec le bruit fait par le tonnerre passe les siècles sans aucune ride, de nouvelles analogies sonores apparaissent au cours des siècles, et l'on compare aujourd'hui volontiers le bruit d'un séisme à celui causé par le passage d'un camion lourdement chargé, ou d'un avion franchissant le mur du son.

Autre précieuse source d'information, les questionnaires *macrosismiques* utilisés pour évaluer l'intensité des secousses sismiques, gardent pour la plupart une/des question(s) spécifique(s) liée(s) à la perception de sons, et ce malgré le fait que les sons ne figurent pas parmi les effets sismiques utilisés dans la définition des échelles d'intensité (au contraire des effets sur les personnes, les objets et les bâtiments). Bien que très précieux, les témoignages ne sont cependant pas suffisants pour tenir compte pleinement de la diversité des sons émis lors de séismes, et les mots peinent souvent à décrire précisément une expérience sonore. À l'instar des sismomètres qui apportent une mesure instrumentale des ondes sismiques, des microphones peuvent être utilisés pour enregistrer les ondes acoustiques (ici *sismo-acoustiques*).

La preuve par la mesure

Aussi, bien qu'encore très peu nombreux, les enregistrements audio effectués pendant les séismes constituent un outil de grande valeur pour étudier ces sons d'origine sismique. Le premier exemple connu date de 1954, lorsqu'un enregistrement en cours dans un bâtiment d'une ville de Californie immortalisa, par hasard, les sons produits par un séisme de magnitude 6,6. De valeur historique certaine, cet enregistrement est cependant difficilement exploitable, dans la mesure où l'essentiel des sons captés est vraisemblablement associé à des craquements du bâtiment lui-même… Vingt et un enregistrements de ce type ont par la suite été compilés par Karl V. Steinbrugge, pour former un catalogue original publié par la prestigieuse Société sismologique américaine (SSA) en 1974. Il est encore consultable aujourd'hui sur le site internet de la SSA.

Les premiers enregistrements non fortuits, réalisés à l'aide de dispositifs dédiés placés en dehors de bâtiments susceptibles d'apporter une « pollution sonore », remontent à la fin des années 1960 au Japon, puis au milieu des années 1970 en Californie. Mais ce type d'instrumentation demeure rare. Plus récemment, une équipe de chercheurs français a publié en 2007 une étude basée sur des enregistrements conjoints d'ondes sismiques et sismo-acoustiques, réalisés lors de petits séismes survenus dans les Pyrénées entre 2004 et 2005.

D'étranges sons tout à fait explicables

Entourés d'un certain mystère, les sons produits par les séismes le sont de manière tout à fait explicable, selon un principe qui peut être présenté en quelques mots : lorsqu'elles atteignent la surface, les ondes sismiques transfèrent une partie de leur énergie sous la forme d'ondes acoustiques, lesquelles sont ensuite transmises dans l'air. Plus particulièrement, ce sont les ondes P[2] qui sont principalement responsables de l'émission d'ondes sismo-acoustiques : les deux types d'ondes en question (P et acoustiques) étant toutes

[2] Se propageant très rapidement dans le sous-sol, les ondes P sont les premières à arriver à la surface : d'où leur nom d'ondes « P » comme « premières ». Elles sont suivies par les ondes « S » (comme « secondes »), un peu moins rapides, puis par différents autres types d'ondes sismiques. Ce sont rarement les ondes P qui provoquent des dégâts.

deux des ondes dites « de compression », qui compriment et dilatent alternativement le milieu qu'elles traversent, selon la même direction que celle de leur propagation.

Mise en mouvement par les séismes, la surface du sol agit donc en quelque sorte comme la peau d'un tambour, la vibration de cette peau créant des sons par le déplaçant de la masse d'air. Comme face à des enceintes libérant nos notes de musique préférées, ce sont ensuite les règles de l'acoustique qui feront que les sons seront perçus plus ou moins intensément avec différentes tonalités, et se propageront sur des distances plus ou moins grandes.

Dans les faits, les sons sismiques sont particulièrement graves, ce qui signifie que les ondes sismo-acoustiques comportent des fréquences parmi les plus basses que nos oreilles peuvent distinguer. Mais ces relatives *basses fréquences* représentent paradoxalement la partie *haute fréquence* des ondes sismiques, et l'intersection entre les fréquences des ondes sismiques et celles des ondes audibles couvre une bande assez restreinte comprise entre une vingtaine et une soixantaine de Hertz. Il s'en est donc fallu de peu pour que cette rencontre acoustique entre l'homme est les séismes ne puisse pas avoir lieu : en effet, si, à l'instar des chauves-souris, l'oreille humaine avait été sensible à des gammes de fréquences plus élevées, nous serions tout simplement sourds aux doux bruits des séismes...

Conséquence notable du caractère basse fréquence des sons sismiques, ceux-ci sont caractérisés par des longueurs d'onde (distance séparant deux zones de compression/ dilatation successives) bien plus importantes que la distance qui sépare nos deux oreilles, ce qui nous rend incapables d'en localiser la provenance dans l'espace.

Bien qu'évoluant dans des registres plutôt « graves », les sons induits par les séismes n'en demeurent pas moins diversifiés, avec deux types de sons principalement reportés :

1. Ceux ressemblant à des explosions, perçus à proximité de l'épicentre, là où toutes les ondes sismiques arrivent en même temps « en paquet » ;

2. Ceux comparés à des grondements, qui sont entendus à plus grande distance de l'épicentre, lorsque l'arrivée des différentes ondes sismiques s'étale dans le temps du fait qu'elles se propagent toutes à des vitesses différentes.

Mais des tonalités moins graves peuvent également être entendues, lorsque les configurations permettent aux ondes sismiques de conserver un contenu hautes fréquences relativement riche. C'est notamment le cas pour des observations effectuées à proximité de l'épicentre de séismes très superficiels, permettant ainsi de limiter la forte atténuation des hautes fréquences qui intervient avec la distance à mesure que les ondes se propagent. Dans certains cas, lorsque l'amplitude des ondes P est trop faible pour que celles-ci soient ressenties par la population, il est même possible d'entendre un séisme avant d'en ressentir les secousses.

À noter également qu'aux sons préalablement évoqués s'ajoutent également des bruits secondaires, comme ceux générés par la dégradation, voire la destruction de bâtiments, de ponts, etc., auquel un phénomène d'écho peut s'additionner en milieu montagneux ou urbain… Une vraie cacophonie !

Que nous disent les sons sur les séismes eux-mêmes ?

La majeure partie des séismes largement ressentis par la population donnent lieu à l'émission de sons, y compris dans des pays à faible sismicité tels que la Grande-Bretagne.

L'émission d'ondes sismo-acoustiques n'est donc pas l'apanage des séismes les plus puissants. Mais ces sons donnent-ils accès à des informations relatives aux caractéristiques du séisme ?

Partant du postulat que le phénomène d'émission d'ondes sismo-acoustiques est principalement lié au déplacement vertical du sol causé par l'arrivée des ondes P, des chercheurs italiens ont eu l'idée de comparer, pour plusieurs séismes, la géométrie des aires de perception des sons avec celle de l'amplitude théorique des ondes acoustiques générées par les ondes P. Ce faisant, ils ont mis en évidence un bon accord entre les deux types de données, confirmant donc que l'observation des sons « sismiques » peut renseigner sur la source sismique elle-même, et se révéler utile pour l'étude des séismes anciens pour lesquels existent des témoignages relatifs aux effets sonores.

De même que l'intensité des secousses sismiques est d'abord fonction de la magnitude du séisme considéré et de la distance du lieu d'observation par rapport à l'épicentre, des chercheurs français ont pour leur part utilisé des observations collectées dans les Pyrénées, pour proposer un modèle permettant de déduire des seuils « d'audibilité » en fonction de la magnitude et de la distance épicentrale. Selon ce modèle, un petit séisme de magnitude 2 est susceptible d'être fortement entendu dans un rayon de cinq à sept kilomètres autour de l'épicentre, et jusqu'à une centaine de kilomètres à la ronde pour un séisme de magnitude 4. Ce modèle ne peut cependant pas être directement utilisé n'importe où, dans la mesure où la propagation des ondes sismiques dans le sol peut varier significativement d'une région à l'autre, en fonction de la nature des roches traversées.

Il n'est par ailleurs pas possible de tirer des conclusions directes quant à l'intensité des secousses sismiques sur la seule base de l'intensité des sons émis par un séisme, pour la simple raison que des intensités macrosismiques relativement importantes peuvent être produites par le passage d'ondes sismiques au contenu fréquentiel trop bas pour pouvoir émettre des ondes sismo-acoustiques. Ainsi, à grande distance de l'épicentre, les secousses sismiques pourront être encore ressenties fortement, cependant que le séisme sera parfaitement inaudible. A contrario, des ondes sismiques plus riches en hautes fréquences, et par conséquent au potentiel sonore plus important, ne produiront pas forcément des effets macrosismiques plus marqués.

Si les séismes génèrent des sons dans l'atmosphère, ils en génèrent également dans l'eau. Or l'eau n'atténuant que très peu les ondes acoustiques, elle constitue un milieu très propice à leur propagation. Par ailleurs, en raison de la combinaison entre différents paramètres tels que la température, la pression ou la salinité, la vitesse de propagation des ondes acoustiques dans les océans a ceci de particulier qu'elle tend d'abord à décroître avec la profondeur sur plusieurs centaines de mètres, pour ensuite croître à nouveau, avec une vitesse minimale de propagation observée au voisinage de 1 000 mètres de profondeur. Ceci a pour conséquence de « piéger » les ondes acoustiques au sein d'une couche d'eau appelée *canal SOFAR* (SOund Fixing And Ranging). Ainsi guidées, les ondes acoustiques peuvent se propager à des distances très importantes.

Des ondes sismo-acoustiques inaudibles… du moins pour l'homme

Les séismes émettent également des infrasons, par définition non-audibles par l'homme, soit des ondes acoustiques dont la fréquence est inférieure à 20 Hertz. Comme souligné précédemment, les ondes acoustiques étant d'autant moins atténuées qu'elles sont riches en basses fréquences, ces infrasons peuvent se propager sur de très grandes distances dans l'atmosphère ou dans les océans, et être encore mesurables à des milliers de kilomètres. D'abord développée pour assurer la surveillance à distance d'éventuels essais nucléaires, leur surveillance peut également permettre de détecter des séismes lointains. C'est ainsi que le gigantesque tremblement de terre de magnitude 9, survenu au large du Japon le 11 mars 2011, a pu être enregistré par les hydrophones d'un navire de recherche de l'Agence américaine d'observation océanique et atmosphérique situé au large de l'Alaska, à environ 1 500 kilomètres de l'épicentre…

Par ailleurs, certains animaux, à l'ouïe plus fine que celle de l'espèce humaine, sont sensibles à certains de ces infrasons, au point de les mettre en alerte avant même que les secousses sismiques ne soient perceptibles et en l'absence de tout son que nous puissions entendre. Ainsi, après le séisme de magnitude 9,1 du 26 décembre 2004, des témoins ont relaté que tous les éléphants du parc national de Yala avaient fui la zone littorale bien avant que le séisme ne soit ressenti et que le tsunami ne ravage la côte : or, les éléphants sont capables de percevoir des ondes acoustiques très basses fréquences autour d'une vingtaine de Hertz. De là à trouver dans l'observation des animaux un précurseur fiable à la survenue de séismes, il y a encore – nous l'avons vu – beaucoup de chemin à parcourir. D'abord parce que, par définition, les ondes sismo-acoustiques sont émises consécutivement à la survenue d'un séisme, et non l'inverse, et d'autre part parce que les comportements animaux varient de manière importante d'un séisme à l'autre. Ce qui n'empêche pas certains chercheurs de s'intéresser aux ondes sismo-acoustiques provoquées par la micro fracturation des roches avant l'occurrence d'un séisme, et que pourraient potentiellement percevoir certains animaux…

3.5 Séismes et littérature, quand la création surgit de la destruction

Objet de terreur et d'incompréhension, les tremblements de terre secouent les consciences et interpellent l'imaginaire. Depuis l'Antiquité, la littérature se fait ainsi échos de cette fascination teintée de peur devant l'inexplicable de la Terre qui se met en mouvement. Les écrivains sont les témoins de ce trouble, mais aussi de la formidable capacité de l'Homme à répondre à la destruction par la création.

Récits sacrés et Mythes

Au rang des catastrophes naturelles, les séismes occupent une place particulière et représentent, plus qu'aucune autre, la puissance de la nature et le danger. Ceci tient à de nombreux facteurs, parmi lesquels leur imprévisibilité qui surprend les habitants dans leur quotidien jusque dans leur intimité, le fait qu'ils peuvent occasionner des destructions sur des territoires extrêmement vastes, mais également que le risque sismique est l'un des seuls risques naturels à ne menacer quasi exclusivement que l'homme et ses ouvrages. Epargnés dans leur milieu naturel par les secousses sismiques, les animaux sont en effet comme protégés, au contraire de l'Homme qui semble comme visé. Sans compter sur le fait que l'origine souterraine de cette catastrophe a longtemps entretenu un certain mystère quant à son origine...

La force de ce phénomène lui donne une place à part dans les livres sacrés. Tremblements de terre et tsunamis y sont le signe de la volonté divine. La Bible, le Coran, le Popol Vhuh des Mayas ou *l'épopée de Gilgamesh* évoquent tous un déluge, un raz de marée. « L'un des thèmes privilégiés de la littérature du séisme est celui de la volonté divine agissant pour corriger l'inaptitude ou l'incomplétude de sa création », souligne Marie-Denis Shelton dans son excellent ouvrage *Éloge du séisme – Le tremblement de Terre en littérature*[3]. L'on retrouve les tremblements de terre de façon encore plus explicite dans les récits de fin du monde de la Bible ou du Coran. Dans la Bible, le livre de l'Apocalypse de Jean parle d'un grand tremblement de terre après lequel « toutes les montagnes et les îles furent écartées de leurs places » (Apocalypse 6 : 12-14). La sourate XCIC du Coran évoque ainsi l'avènement du jugement dernier : « Lorsque la terre tremblera d'un violent tremblement/Qu'elle aura secoué ses fardeaux/L'homme demandera : Qu'a-t-elle ?/Alors elle racontera ce qu'elle sait/Ce que ton Seigneur lui inspirera ». Au-delà de la destruction, le tremblement de terre est cependant toujours associé à un recommencement, le terme Apocalypse signifiant étymologiquement « révélation ».

[3] SHELTON Marie-Denis, Eloge du séisme – le tremblement de terre en littérature, Paris, L'Harmattan, 2015. 152 p.

Parmi les récits de l'Antiquité où surgissent des tremblements de terre, l'on peut citer les dialogues philosophiques de *Timée* puis de *Critias*[4], dans lesquels Platon crée ce qui deviendra le mythe de l'Atlantide, cette île merveilleuse et dominatrice qui fut engloutie et dont l'on trouve encore la trace y compris dans les ouvrages contemporains de science-fiction : « Mais dans le temps qui suivit, se produisirent de violents tremblements de terre et des déluges. En l'espace d'un seul jour et d'une seule nuit funestes, toute votre armée fut engloutie d'un seul coup sous la terre, et l'île Atlantide s'enfonça pareillement sous la mer ».

Le séisme, figure littéraire discrète au Moyen-Âge

Les données historiques le prouvent : le Moyen-Âge n'a pas été épargné par les séismes. Les genres littéraires en vogue durant cette période (chansons de geste, littérature courtoise, poésie lyrique) semblent cependant trouver plus d'inspiration dans les exploits chevaleresques que dans la survenue des séismes, toujours associés dans les esprits à la punition divine. Pour cette raison, il semble que l'évocation des séismes soit surtout l'apanage du langage figuratif chrétien. L'on trouve cependant un texte de Pétrarque, intitulé *Le Repos religieux*[5], évoquant la destruction de la cité de Bâle après le séisme de 1356 : « Elle ne présentait plus que des montagnes de pierres, le silence et l'horreur au regard et à l'esprit de l'observateur et cela par une transformation si soudaine que personne ne pensait avoir vu autre chose que l'illusion d'un rêve ou un mirage. »

Après un Moyen-Age discret sur le traitement littéraire des séismes, 1755 marque une rupture dans la façon dont les

---

[4] PLATON, Timée/Critias, traduction inédite, Paris, Flammarion 1992, 112 p.

[5] PÉTRARQUE, Le repos religieux (De otio religioso) 1346-1357. Marion, Paris, Carraud, 2002. 316 p.

écrivains se confrontent aux séismes, en se tenant souvent à distance des considérations religieuses, mais sans pour autant s'éloigner des interrogations existentielles.

Les Lumières et le tremblement de terre de Lisbonne

Le séisme de Lisbonne de 1755 eut un écho considérable dans toute l'Europe, et fut d'autant plus traumatisant que cette ville était à l'époque à l'apogée de sa gloire. Ce drame confronte la pensée et les idéologies à une réalité brutale qui défie la raison, et suscite donc l'intérêt des plus grands intellectuels du Siècle des Lumières qui s'efforcent de donner du sens à l'événement, comme Voltaire, Rousseau, Diderot et D'Alembert, Goethe, ou encore Kant.

Ainsi, dans le *Poème sur le désastre de Lisbonne* publié en 1756 (aussi connu sous le nom *Examen de cet axiome : Tout est bien*) et déjà évoqué précédemment dans ce livre, Voltaire décrit toute l'horreur du séisme et s'insurge contre les défenseurs du « Tout est bien » fondé sur l'optimisme et la sagesse de la création. En réponse, dans sa *Lettre à Monsieur de Voltaire*, Rousseau développe l'idée que ni Dieu ni la nature ne sont responsables de la catastrophe de Lisbonne, mais bien l'Homme, pointant les vices de construction et les réactions inappropriées des habitants cherchant à sauver leurs biens.

Extrait du *Poème sur le désastre de Lisbonne* de Voltaire	Extrait de la *Lettre à Monsieur de Voltaire* de Rousseau
« Ô malheureux mortels ! ô terre déplorable ! Ô de tous les mortels assemblage effroyable ! D'inutiles douleurs éternel entretien ! Philosophes trompés qui criez, "Tout est bien ;" Accourez, contemplez ces ruines affreuses, Ces débris, ces lambeaux, ces cendres malheureuses, Ces femmes, ces enfants l'un sur l'autre entassés, Sous ces marbres rompus ces membres dispersés ; Cent mille infortunés que la terre dévore, Qui, sanglants, déchirés, et palpitants encore, Enterrés sous leurs toits, terminent sans secours Dans l'horreur des tourments leurs lamentables jours ! »	« Je ne vois pas qu'on puisse chercher la source du mal moral ailleurs que dans l'homme libre, perfectionné, partant corrompu [...] Sans quitter votre sujet de Lisbonne, convenez, par exemple, que la nature n'avoit point rassemblé là vingt mille maisons de six à sept étages, et que si les habitans de cette grande ville eussent été dispersés plus également & plus légérement logés, le dégât eût été beaucoup moindre et peut-être nul. Tout eût fui au premier ébranlement, et on les eût vus le lendemain à vingt lieues de-là tout aussi gais que s'il n'étoit rien arrivé. »

Un révélateur des failles humaines

Nombre d'écrivains contemporains s'attachent désormais à décrypter les émotions suscitées par les séismes. Plusieurs ouvrages explorent ainsi les *fissures* de l'esprit ouvertes par des séismes suite à la prise de conscience de la fragilité humaine, du superflu, de nos faiblesses intimes… Au-delà du conscient, le tremblement de terre devient en littérature un miroir des ruptures des destinées, un révélateur des failles humaines.

Ecrit après le séisme japonais de Kobe de 1995, *Après le tremblement de terre*[6] de Haruki Murakam est un recueil de nouvelles dont le point commun est la description de l'impact indirect du séisme dans l'existence de différents personnages. Simple élément déclencheur, le séisme y est parfois juste évoqué par l'évocation d'images à la télévision ou d'actualités diffusées à la radio, et qui viennent heurter le quotidien des personnages.

Le roman choral *Autour du Monde*, de Laurent Mauvignier[7], s'inscrit parfaitement dans ce registre. L'auteur relie entre eux des destins saisis par l'effroi ou le désarroi devant la nouvelle du tsunami de Fukushima. Dans une interview donnée au *Nouvel Obs* lors de la sortie de son livre, l'auteur expliquait ainsi son point de départ : « Le tremblement et le raz de marée sont des termes qu'on utilise aussi pour des mouvements intimes et plus secrets. Cette correspondance, je la trouvais très belle et très riche, comme si les quatorze histoires qui composent le livre étaient des variations, des éclairages différents sur notre vulnérabilité, rendue visible par le séisme. »

Le séisme : un ressort romanesque vers un renouveau

Même si Marie-Denise Shelton souligne bien que le titre de son ouvrage *Éloge du séisme* s'entend de façon étymologique comme un inventaire des œuvres littéraires

[6] MURAKAMI Haruki, Après le tremblement de terre, Paris, 10/18, 2002 160 p.
[7] MAUVIGNIER Laurent, Autour du Monde, Paris, Editions de Minuit, 2014. 384 p.

abordant ce phénomène, elle souligne cependant le paradoxe des séismes qui relie contre toute attente cette catastrophe meurtrière à la vie, à la renaissance, au renouveau. Et c'est sûrement dans les romans que ce lien est le plus frappant. Dans de nombreux récits, le séisme constitue le ressort romanesque qui permet un nouveau départ, une libération, une critique ou une mise à plat du système politique et social.

Le tremblement de terre de Santiago du Chili, d'Heinrich Von Kleist (1801), illustre bien ce mouvement. Dans ce roman, la survenue du séisme rend possible l'idylle de deux amants issus de classes et de rangs différents. Dans ce cas, l'auteur ne semble pas avoir été confronté personnellement au drame d'un séisme. Mais l'on retrouve ce basculement chez plusieurs auteurs touchés directement ou indirectement par le risque sismique, et notamment au Maghreb, région du globe régulièrement frappée par des séismes destructeurs. *Surtout ne te retourne pas*[8], de Maissa Bey, *Le jour du séisme*[9], de Nina Bouraroui, et *Agadir*[10], de Mohammed Khaïr-Eddine, sont trois romans qui dénoncent l'ordre social et politique ressenti comme oppressant. Le séisme permet une rupture, une libération, comme pour l'héroïne de *Surtout ne te retourne pas* qui avait fui sa famille et la perspective d'un mariage forcé juste avant le séisme : « Je suis venue au monde dans un tournoiement de poussière, un jour de cris, de ciels retournés, de peur, de chaos, d'effondrements et de décombres, un lendemain de fin du monde, tout au bout d'une infime et terrifiante contraction de la terre. Depuis ce jour, on m'appelle Wahida, la seule et peut-être même l'unique. Désormais tout est plausible. Et peut-être possible. »

---

[8] BEY Maïssa, Surtout ne te retourne pas, La Tour-d'Aigues, Editions de l'Aube, 2006. 208 p.

[9] BOURAROUI Nina, Le jour du séisme, Paris, Stock, 1999. 99 p.

[10] KHAÏR-EDDINE Mohammed, Agadir, Paris, Seuil, 1967

Faut-il noter que dans la plupart de ces romans, le renouveau ou la libération ne sont que de courte durée et que les carcans d'avant le tremblement de terre ressurgissent bien vite ?

Avertissements de futures calamités…

Précisément, pour éviter la répétition des erreurs passées, la littérature a parfois tenté d'alerter contre les comportements humains aggravants les séismes, de faire en quelque sorte de la prévention. Dans *La submersion du Japon*[11], roman de science-fiction de Sakyo Komatsu, l'auteur imagine l'engloutissement du Japon suite à des séismes à répétition. L'on retrouve ici l'ombre du mythe de l'Atlantide évoqué précédemment. Au fil des pages, il critique les réactions humaines et politiques.

La même année, Akira Yoshimura choisissait, dans *Le Grand tremblement de terre du Kantô*[12], de recourir au récit pour relater le séisme qui toucha Tokyo et Yokohama le 1er septembre 1923. Il y décrit les faits avec précision, chiffres à l'appui. Il aborde aussi la rivalité entre deux sismologues, la persécution des Coréens accusés d'être responsable du tremblement de terre, et la mauvaise gestion politique de la catastrophe. L'auteur espérait que son récit permette de tirer des leçons pour l'avenir…

La vie au cœur du drame et après le drame

Les écrivains personnellement touchés par un séisme, pour l'avoir vécu directement ou de par leur attachement aux victimes, réagissent pour certains à cet événement par le besoin de témoigner. Ainsi, dans *Ce n'est pas un hasard –*

---

[11] KOMATSU Sakyo, La submersion du Japon, Arles, Picquier, 2000. 128 p.
[12] YOSHIMURA Akira, le Grand tremblement de terre du Kantô, Arles, Actes Sud, 2010. 288 p.

Chronique japonaise[13], Ryoko Sekiguchi – qui résidait en France au moment du séisme de Fukushima – raconte les jours sombres passés à partager les doutes et les angoisses de son peuple malgré la distance.

Au moment du séisme du 12 janvier 2010, de nombreux écrivains haïtiens se trouvaient sur place pour assister à un festival littéraire, et ils sont nombreux à avoir témoigné, par leurs écrits, de l'intensité de cette catastrophe. En 2015, le journal haïtien *Le Nouvelliste* dressait ce constat : « La production littéraire en Haïti a largement été influencée par cet événement qui continuera, sans doute, à traverser nos créateurs […] dans presque tous les genres (roman, théâtre, essai, poésie, nouvelles) ». Les auteurs ont ainsi témoigné de la vie au cœur du drame et après le drame, et ont souvent eu à cœur de parler de la solidarité et de la dignité des survivants. Parmi ces ouvrages, trois romans décrivent la vie des Haïtiens après le séisme : *Corps mêlés*[14], de Martin Victor, *Les Immortelles*[15], de McKenzie Orcell, et *Aux frontières de la soif*[16], de Kettly Mars.

D'autres auteurs ont pour leur part fait le choix de témoigner dans des récits-témoignages, comme Dany Laferrière dans *Tout bouge autour de moi*[17], Yannick Lahens dans *Failles*[18], ou encore Rodney Saint-Eloi dans *Haïti, Kenbe*

[13] SEKIGUCHI Ryoko, Ce n'est pas un hasard – Chronique japonaise, Paris, P.O.L, 2011. 183 p.
[14] VICTOR Martin, Corps mêlés, Paris, Gallimard, 2011. 250 p.
[15] ORCELL McKenzie, Les Immortelles, Montréal, Mémoires d'encrier, 2010. 132 p.
[16] MARS Kettly, Aux frontières de la soif, Paris, Mercure de France, 2013. 166 p.
[17] LAFERRIERE Dany, Tout bouge autour de moi, Paris, Grasset, 2011. 190 p.
[18] LAHENS Yanick, Failles, Paris, Sabine Wespieser, 2010. 160 p.

La[19]. Dany Laferrière, qui se trouvait à Haïti le 12 janvier 2010, a sur le moment pris des notes dans un petit carnet. De ces notes prises sur le vif, l'auteur a ensuite bâti un récit comme autant de photographies, d'instantanés qui témoignent de l'expérience des survivants, de la succession des sentiments parfois paradoxaux, de la réalité nue et pourtant tellement plus pudique que le regard des médias, de la vie qui reprend, de la dignité des Haïtiens.

Dans un hommage rédigé un an après le séisme, l'écrivain haïtien Lyonel Trouillot a écrit ces quelques mots qui en disent long sur la difficulté et la force de la littérature face à un tel drame : « La seule façon pour *l'écrivain haïtien* de rendre hommage aux morts et d'aimer les vivants est celle de devenir un citoyen haïtien qui écrit. C'est à ce devoir d'humilité, à cette responsabilité à la fois modeste et lourde que me rappelle le souvenir des morts et des actes de courage et de solidarité dont j'ai pu être le témoin le soir même et les jours qui suivirent le tremblement de terre. »

---

[19] SAINT-ELOI Rodney, Haïti, Kenbe la ! 35 secondes et mon pays à reconstruire, Neuilly-sur-Seine, Michel Lafon, 2010. 266 p.

4 De petits « extras » : les séismes là où l'on ne s'y attend pas

4.1 Séismes extranaturels

L'*Anthropocène* désigne la période géologique actuelle dans laquelle les activités humaines ont un impact direct sur l'écosystème terrestre. Il est désormais connu de tous que cette période est marquée par l'évolution incontrôlée de son climat, incontestablement influencé par notre gourmandise immodérée pour les énergies carbonées. Ce que l'on sait moins, en revanche, c'est que l'homme a également un impact sur le phénomène sismique. En injectant des fluides ou en extrayant des ressources, la pression et les contraintes varient en profondeur, et des séismes plus ou moins conséquents peuvent être induits. La diversification des formes d'exploitation du sous-sol et la multiplication des grands ouvrages hydrauliques donnent lieu à des observations montrant une concomitance troublante entre activités humaines et secousses sismiques, au point de se poser la question de devoir ajouter le risque sismique à la liste des risques industriels... Il demeure malgré tout difficile d'établir avec certitude l'origine anthropique de tel ou tel séisme considéré individuellement, d'autant que les causes anthropiques coexistent avec des causes naturelles : la main de l'homme n'est ainsi souvent que le « déclencheur » précipitant la survenue de séismes naturellement inévitables sur le long terme. Souvent, mais pas toujours...

Des minerais et des séismes

S'il est de plus en plus médiatisé, le phénomène de sismicité qualifiée d'« induite » est pourtant connu de longue date, d'abord identifié au niveau de grands sites d'exploitation minière, où les immenses quantités de roches arrachées à la Terre représentent autant de poids en moins sur les failles souterraines. Ainsi déchargées « brusquement » (à l'échelle des temps géologiques), ces failles peuvent être déstabilisées est ainsi donner lieu à des séismes. En Afrique du Sud, 90 % des séismes de magnitude supérieure à 2 enregistrés chaque année seraient ainsi directement liés à l'exploitation minière, estime le conseil pour la recherche scientifique et industrielle sud-africain. Dans certains cas, l'ampleur des secousses peut être relativement importante, comme en Allemagne où plusieurs événements sismiques, survenus en 2010 et clairement liés à l'exploitation minière d'un bassin ferrifère, ont occasionné des dommages tels que des chutes de cheminées. Mais, le plus souvent, la sismicité induite par l'activité minière ne donne heureusement lieu qu'à de la microsismicité : des micro-secousses liées à l'évolution des galeries, comme les fameux *effondrements de toit*. Après la fermeture des mines, la surveillance de la microsismicité apporte des informations sur d'éventuels signes précurseurs d'instabilités de terrain en surface.

La petite goutte d'eau qui pèse et s'infiltre

Nos barrages, qui retiennent d'immenses volumes d'eau, peuvent également jouer un rôle dans le déclenchement de séismes, de manière parfois dramatique. Le cas le plus édifiant pourrait bien être l'exemple du séisme survenu en Chine en 2008, lequel semble avoir été provoqué par un ouvrage hydroélectrique situé dans la région du Sichuan, à seulement une dizaine de kilomètres de distance de l'épicentre du séisme, dont la magnitude a atteint 7,9, et qui a fait près de 90 000 victimes. Si la relation de cause à effet reste débattue, une activité microsismique était bien apparue après la mise en eau du barrage. En 2011, la Chine reconnaissait dans un communiqué de presse que la création du colossal réservoir des Trois-Gorges, en service depuis 2009 sur le fleuve Yangtsé, avait accru la fréquence des séismes dans la région ; tout en coupant toutefois court à tout lien potentiel avec le puissant tremblement de terre du Sichuan.

De nombreux autres exemples sont connus : à Koyna, en Inde, un tremblement de terre de magnitude 6,3 survenu en 1967 fit environ 200 victimes, un an seulement après le remplissage d'un barrage. Toujours en Inde, le séisme catastrophique de Latur de 1993 (magnitude 6,3) a, pour sa part, causé la mort de près de 10 000 personnes. En cause, probablement le poids exercé par l'eau accumulée dans le lac de retenue, ainsi que son infiltration progressive en profondeur. Comme pour l'injection des eaux usées dans le sous-sol (nous en reparlerons plus loin), ces facteurs modifient en profondeur les contraintes ainsi que la résistance des failles au glissement, ce qui peut en amener certaines à rompre de manière anticipée par rapport à leur évolution naturelle. C'est que – manque de chance – les sites recherchés pour l'implantation de barrages, marqués par un relief incisé facile à obstruer et propice à la retenue d'eau, correspondent bien souvent à des accidents géologiques : de grandes failles parfois encore actives. De surcroît, nombre de grands barrages sont conçus pour capter les abondantes eaux de fonte provenant des zones montagneuses, lesquelles sont pour la plupart particulièrement sismiques, comme l'est par exemple la chaîne de l'Himalaya.

Il est intéressant de noter que, à son échelle, la France n'échappe pas à la règle. Ainsi, le remplissage du lac réservoir de Monteynard pourrait être responsable du séisme de magnitude 4,9, survenu le 25 avril 1962 à Corrençon dans le Vercors. Parfois, les phénomènes observés déroutent les scientifiques : inauguré en 1935, le barrage Hoover dans le Colorado (Etats-Unis) entraîne à l'époque la formation du lac Mead. Au départ, la sismicité y a été vue croissante en hiver, du fait du poids croissant exercé par l'eau, et décroissante en été, lorsque le barrage était vidé. Mais avec le temps, la tendance s'est inversée sans que l'on ne sache trop pourquoi...

Une multiplication des modes d'exploitation du sous-sol qui amplifie le phénomène de sismicité induite

Si le fait d'imputer tel ou tel séisme aux activités humaines est toujours délicat, un consensus émerge cependant pour établir que la fréquence des séismes tend à augmenter avec l'exploitation toujours plus intensive du sous-sol. La plus décriée des nouvelles sources de sismicité induite est sans nul doute celle liée à l'extraction de *gaz de schiste*. Aux États-

Unis, où cette exploitation est très développée, certains États du centre et de l'est du pays ont ainsi vu leur niveau de sismicité « exploser » depuis les années 2010, date à partir de laquelle les forages ont commencé foisonner. Au Texas, le nombre de séismes enregistrés chaque année a par exemple été multiplié par six depuis 2008. Dans un rapport publié en mars 2017, le service géologique américain déclare que sept millions d'Américains sont menacés par des séismes provoqués par l'Homme, principalement en Oklahoma et au Texas. En cause : principalement l'injection et le stockage des eaux usées qui ont servi à l'extraction du gaz de schiste. La hausse de la pression de ces fluides engendre des micro-craquements qui, à leur tour, peuvent générer des séismes. En 2011, un séisme de magnitude 5,6 détruisit une quinzaine d'habitations, et fit deux blessés dans la ville de Prague, en Oklahoma. Ce séisme fut ressenti dans dix-sept États américains, et fut suivi d'environ un millier de répliques de faible intensité. Mais les désaccords persistent au regard de la grande profondeur du séisme : survenu à environ huit kilomètres de profondeur, le séisme de Prague a-t-il réellement été induit par l'Homme, ou était-il au contraire naturel ?

La géothermie est, elle aussi, source potentielle de séismes induits. En Suisse, un projet géothermique dans la région de Bâle a nécessité le recours à la technique de fracturation hydraulique, consistant à injecter dans le sous-sol de l'eau sous haute pression afin de créer une multitude de fractures permettant à l'eau de circuler dans les roches chaudes. Tout a été stoppé en 2009, à la suite d'un séisme de magnitude 3,4 peu profond, largement ressenti par la population, et qui a ravivé le spectre du séisme ayant rasé Bâle en 1356. D'après des études sismologiques, l'injection d'eau ayant activé une portion de faille, le risque de survenue d'un séisme de magnitude 4,5 serait réel en cas de poursuite des travaux ayant recours aux mêmes techniques.

Sismicité induite : de la présomption à la preuve

En Espagne, après plusieurs décennies d'exploitation intensive des nappes d'eau souterraines de la plaine de Lorca pour l'irrigation des cultures, un séisme de 5,1 est survenu en 2011. S'étant produit à très faible profondeur (ce qui explique la violence des secousses en surface), la cause de ce séisme fut immédiatement questionnée, et une étude scientifique conclut rapidement à l'influence déterminante de la baisse drastique du niveau d'eau souterraine de 250 mètres depuis 1960. Bilan : neuf morts, 130 blessés et 15 000 personnes sans abri.

De manière générale, vous aurez compris que toute activité humaine modifiant significativement les forces en jeu dans le sous-sol peut donc potentiellement induire des séismes. Dans le cas de Lorca, l'effet du pompage d'eau aurait donc modifié les contraintes sur la faille, provoquant la rupture sismique au plus près de la zone de pompage, à très faible profondeur. Mais à nouveau, si le phénomène s'explique de manière rationnelle, la preuve irréfutable reste difficile à trouver. Pour autant, et comme le dit le proverbe : « absence de preuve n'est pas preuve de l'absence ».

Une tentative de recensement mondial datée de 2007 liste plus de 200 endroits pour lesquels l'action humaine a été reconnue comme responsable du déclenchement de séismes. Ces zones de sismicité induite ont pu être mises en évidence du fait qu'elles se trouvent pour l'essentiel au sein de ce que les sismologues appellent les *régions continentales stables* : la sismicité naturelle y étant faible, l'augmentation sismique consécutive à des activités humaines y est plus facile à repérer.

Aux États-Unis, l'étude produite en 2017 par le service géologique américain contient – pour la première fois au monde – une carte d'aléa sismique tenant compte non seulement des séismes naturels, mais aussi des séismes induits provoqués par la fracturation hydraulique utilisée par l'exploitation pétrolière et gazière. Résultat : des zones rouges apparaissent dans plusieurs États du centre et de l'est des États-Unis jusqu'alors considérés comme peu sismiques. Ces cartes montrent notamment que, du fait de la sismicité induite, la probabilité annuelle de survenue d'un séisme destructeur en Oklahoma est désormais comparable à celle observée en Californie. Est-ce à conclure à l'éventualité d'un « Big One induit » en Oklahoma ? Pas tout à fait, car la dimension des portions des failles réactivées par la fracturation hydraulique est a priori sans commune mesure avec celle de failles majeures telles que San Andreas, impliquant des magnitudes maximales moindres que celles attendues en Californie.

Concluons par un détail important : contrairement à la sismicité naturelle et aux changements climatiques, les processus donnant lieu à la sismicité induite sont en grande partie réversibles. Voici donc une chance donnée à l'Homme de pouvoir diminuer un aléa qu'il a lui-même créé, de se rattraper en quelque sorte.

4.2 Séismes extraterrestres

La Terre tremble, c'est un fait ! L'on désigne d'ailleurs couramment le phénomène sismique par l'expression de « tremblement de terre », ou par le terme équivalent mais plus savant de « séisme » qui découle du terme grec « seismos » et signifie : secousse, commotion, tempête, tremblement de terre... Le concept même de séisme est donc intrinsèquement associé à notre bonne vieille Terre, qui tremble régulièrement du fait de sa chaleur interne qui génère une activité tectonique. Mais la Terre est-elle la seule à subir ces tremblements ? D'autres corps célestes sont-ils soumis aux mêmes péripéties ? L'observation de leur surface parfois accidentée le laisse à penser. C'est d'ailleurs l'un des mystères que les scientifiques tentent de percer par les missions spatiales, un mystère peut-être au cœur de la compréhension du maintien de la vie sur Terre.

Des tremblements de Terre aux tremblements de Lune

De la mission Apollo 11, l'on se souvient des premiers pas de l'Homme sur la Lune et du drapeau américain planté sur le sol lunaire. L'on sait moins que l'un des quatre instruments scientifiques installés par les astronautes était un sismomètre. Ce premier prototype sera d'ailleurs rejoint par d'autres sismomètres plus élaborés au cours des missions suivantes : Apollo 12, 14, 15 et 16 (les avaries rencontrées par la mission Apollo 13 lui ayant donné une excuse valable pour ne pas contribuer à la cause de la sismologie planétaire). L'exploration spatiale s'intéresse donc de près aux tremblements de terre, en l'occurrence dans ce cas précis aux tremblements de Lune. Les séismes extraterrestres existent-ils donc ?

Les sismomètres posés sur notre satellite naturel vont bel et bien mettre en évidence des événements sismiques. Entre 1969 et 1977, ils en enregistreront plus de 10 000, la majorité étant des séismes profonds dont l'origine se trouve entre 800 et 1 000 km en dessous de la surface de la Lune. Un grand nombre d'entre eux n'auraient cependant même pas été détectés sur Terre du fait de leur grande profondeur et de leur magnitude très faible (inférieure à 3,5). Ces séismes profonds seraient liés au phénomène de marée généré par l'attraction terrestre : les variations de distance entre la Lune et la Terre entraînent des variations de contraintes périodiques qui seraient relâchées à l'occasion de ces séismes profonds. L'étude des enregistrements des ondes sismiques a aussi révélé que ce sont toujours les mêmes failles profondes qui jouent : plus d'une cinquantaine de failles ont ainsi été répertoriées. Ce phénomène est rendu possible du fait que la gravité est, sur la Lune, environ six fois moins forte que sur la Terre, ce qui fait que la pression qui s'exerce en profondeur sur ces failles est moindre. De plus, leur glissement semble d'autant plus facilité que de récentes études ont révélé qu'elles seraient relativement lisses...

La Terre est donc capable de provoquer des séismes lunaires. Et si l'inverse était également vrai ? Les scientifiques se doutaient depuis longtemps de l'influence de la Lune sur les séismes terrestres, mais des chercheurs japonais ont récemment publié une étude qui tend à accréditer cette hypothèse. Selon cette étude, la Lune ne pourrait pas déclencher à elle seule un tremblement de terre, mais le phénomène de marée pourrait, au niveau des zones de subduction, être « la goutte qui fait déborder le vase » et favoriser le glissement simultané de plusieurs petites zones de faille. Cela aurait pour effet de transformer un petit en gros séisme. En résumé, tous les 14 jours et 18 heures, le risque de survenue de gros séismes sur Terre serait légèrement plus important dans les zones de subduction en raison de l'influence conjuguée de la Lune et du Soleil.

Mais revenons-en à la Lune. Celle-ci tremble également à chaque impact de météorite, puisqu'elle ne bénéficie pas de la protection d'une atmosphère comme la Terre. Les météorites la percutent donc de plein fouet, à une vitesse de 20 à 30 kilomètres par seconde. Environ 1 800 des séismes enregistrés par les missions Apollo s'expliquent ainsi.

Enfin, les sismomètres ont enregistré une trentaine de séismes relativement superficiels, déclenchés dans les 200 premiers kilomètres de profondeur. La Lune étant un astre « mort », au sens où elle n'est pas suffisamment chaude en son sein pour être animée de mouvements de convection, elle ne dispose donc pas d'activité tectonique. Alors que sur la Terre c'est la chaleur interne qui est la cause des séismes, sur la Lune c'est donc au contraire le refroidissement qui comprime les roches et met en tension les failles. Le plus gros de ces séismes enregistrés à ce jour a atteint une magnitude de 5,5. Mais, contrairement aux signaux sismiques terrestres dont la durée excède rarement plus de 30 secondes pour ce niveau de magnitude, les signaux lunaires durent plusieurs dizaines de minutes. Toute personne ayant déjà ressenti des secousses sismiques importantes sait combien ces secondes paraissent longues : alors imaginez un peu qu'elles s'attardent plus de dix fois plus longtemps... Interminable ! L'absence d'eau dans les roches lunaires explique cette durée exceptionnellement longue. Sur Terre, l'eau rend les roches compressibles et capables d'amortir les ondes. Sur la Lune, les roches sont au contraire déshydratées et les ondes rebondissent à n'en plus finir sur les irrégularités de la croûte.

Bientôt à l'écoute des tremblements de Mars

Ces premières observations sur la Lune encouragèrent les scientifiques à en savoir plus sur la sismicité des autres planètes, à commencer par celle de notre plus proche voisine. Plusieurs tentatives ont déjà eu lieu pour essayer de poser des sismomètres sur Mars. Le programme spatial *Viking* de la NASA a posé en 1976 deux sismomètres sur la planète rouge, mais l'un n'a jamais fonctionné et l'autre, positionné sur le pont de l'atterrisseur, était trop soumis aux vents martiens. La sonde russe *Mars 96* aurait quant à elle dû déployer quatre stations, mais son lancement a échoué. Dernière en date, la mission Insight menée par la NASA a déposé en novembre 2018 un sismomètre sur le sol martien. Dénommé *SEIS* (Seismic Experiment for Interior Structure), ce sismomètre ultra-moderne a été développé par une équipe de chercheurs français, et intègre des contributions américaines et de plusieurs laboratoires européens. Détail important, à l'heure où j'écris ces lignes SEIS est en état de marche !

Un tel déploiement de moyens laisse à penser que les chercheurs s'attendent effectivement à enregistrer des ondes sismiques. Pourtant, les observations de la surface de Mars ont pour l'instant plutôt conclu à l'absence de tectonique des plaques et de convection du manteau. Pour autant, à l'instar de la Lune, d'autres sources sismiques sont possibles. Par exemple, les scientifiques s'attendent à ce que le refroidissement de la planète rouge puisse provoquer une cinquantaine de séismes par an d'une magnitude supérieure à 3. En effet, alors que l'activité volcanique sur la Lune s'est arrêtée depuis 3 milliards d'années, elle était encore bien présente sur Mars il y a 100 millions d'années seulement. Certaines coulées de lave auraient même moins de 10 millions d'années. Mars serait donc loin d'avoir fini de se refroidir puisque la Lune, pourtant beaucoup plus petite, se refroidit encore, comme le montrent les séismes lunaires superficiels. Les chercheurs pensent que l'activité sismique de Mars serait entre dix et 50 fois plus importante que celle de la Lune. Par ailleurs, des ondes sismiques pourraient également être émises lors d'impacts de grosses météorites qui ne seraient pas totalement détruites en entrant dans l'atmosphère de Mars. Les scientifiques en espèrent environ cinq par an.

Et les autres planètes ?

Concernant les possibles tremblements des autres planètes telluriques (i.e. solides, par opposition aux planètes « gazeuses »), l'on ne sait pas grand-chose. L'activité volcanique contemporaine de Vénus laisse cependant penser que les séismes y sont fréquents. En revanche, l'activité volcanique de Mercure datant de plus de 3 milliards d'années, la planète doit être maintenant bien froide et asismique. Quant à Pluton, dernière planète explorée (*planète naine* pour être exact), les photos transmises par la sonde *News Horizons* montrent bien de nombreuses structures géologiques, mais celles-ci ne permettent pas de conclure quoi que ce soit concernant une éventuelle activité sismique.

En ce qui concerne les planètes géantes gazeuses, la notion même de séisme est forcément bien différente pour ces corps fluides. Pas question cette fois d'y poser des sismomètres. Cependant cela n'a pas découragé les scientifiques, qui ont développé des techniques d'observation à distance des sursauts de ces géants. Sur Jupiter, pas de craquement de la croûte, en revanche, la planète libère de l'énergie et son manteau, composé d'hydrogène, est animé de mouvements de convection qui entraînent des oscillations des gaz visibles depuis la Terre par des télescopes spécifiques.

Pourquoi étudier les séismes extraterrestres ?

La sismologie est donc très développée dans le domaine de l'exploration spatiale. Pourquoi autant d'efforts alors que, jusqu'à preuve du contraire, personne ne se plaint de ces secousses sismiques extraterrestres ?

Dans le cas de la Lune, la connaissance de sa sismicité a un intérêt très direct pour d'hypothétiques futures missions lunaires et en particulier les projets de bases lunaires. Si l'intensité des ondes sismiques enregistrées sur la Lune est moins forte que celles fréquemment constatées sur Terre, la durée exceptionnelle de plusieurs minutes de ces ondulations est susceptible d'endommager les équipements qui pourraient être construits à la surface de notre satellite, orientant ainsi le choix de matériaux présentant une certaine flexibilité. D'autant que le risque encouru par l'homme en cas d'endommagement de son habitat par un séisme serait autrement plus important sur la Lune que sur Terre : la moindre apparition de fissure y est en effet proscrite, sous peine d'encourir un risque vital immédiat. Dans l'hypothèse d'un nouveau programme de base habitée sur la Lune, la sismologie pourrait – comme sur Terre – permettre de préciser la localisation des zones propices à l'implantation d'une base lunaire, de telle sorte à ce qu'elle soit le moins exposée possible à l'aléa sismique.

Au-delà de cette application « pratique », la mesure des séismes secouant les différents corps célestes offre une mine d'informations sur la structure interne de ces astres. C'est d'ailleurs en grande partie la sismologie qui a permis de déduire la structure interne de la Terre, grâce à l'enregistrement du moindre séisme par des réseaux sismologiques internationaux. L'analyse des vitesses de propagation des ondes sismiques donne ainsi aux scientifiques de précieuses informations sur la température et la composition des matériaux traversés. De la même façon, les données enregistrées par les sismomètres lunaires ont permis de savoir qu'il existait des discontinuités au sein de la structure interne de la Lune, et d'en affiner les modèles. Quarante ans après la fin des mesures sismologiques sur la Lune, les données enregistrées continuent d'être analysées. Ainsi, plusieurs ré-analyses successives de ces enregistrements sismiques ont permis de mettre en évidence à la fois un effet de frein de la rotation de la Lune, et un phénomène de réflexion des ondes sismiques de cisaillement (ondes S) par un noyau externe. Ces deux découvertes convergent pour attester que la Lune dispose encore aujourd'hui d'un noyau liquide, alors que l'on pensait jusque-là qu'il s'était solidifié depuis bien longtemps sous l'effet du refroidissement.

Au sujet de Mars, les observations réalisées par les orbiteurs des précédentes missions spatiales ont permis d'établir des cartes de gravimétrie et d'élaborer les premiers modèles de sa structure interne. L'on pense qu'un noyau liquide pourrait occuper la moitié intérieure de la planète, surmonté d'un manteau inanimé dépourvu de mouvements de convection, puis enfin d'une croûte. A moins qu'il n'en soit autrement : charge aux futurs enregistrements de tremblements de Mars de préciser les choses.

Connaître la structure interne et la dynamique d'une planète, c'est mieux comprendre son moteur interne et sa chronologie. Sur Terre, les séismes sont malheureusement souvent destructeurs, mais ils sont aussi le signe de l'activité de notre planète, peut-être au cœur du mystère du maintien de la vie. A l'inverse, la vie s'est peut-être allée de certaines de nos voisines en même temps que leur « dynamo » interne déclinait, et que l'intensité de leurs séismes faiblissait...

4.3 Séismes extra-lents

Nous l'avons vu, le mécanisme donnant naissance aux séismes est globalement compris depuis une centaine d'années, et est représenté par l'image du *cycle sismique* : alternance, le long de failles, de périodes d'accumulation lente de contraintes et de glissement rapide relâchant brusquement l'énergie ainsi accumulée. Découvert dans les années 2000, le phénomène de *séisme lent* laisse entrevoir une réalité un peu plus compliquée, et ouvre une révolution (pas si lente) de la sismologie, qui n'avait guère était mise en défaut depuis plus de cinquante ans.

La rupture tranquille

Plusieurs caractéristiques distinguent un séisme dit « lent » d'un séisme traditionnel (ou tremblement de terre). Tout d'abord, alors que la durée du glissement entre les deux bords d'une faille est de l'ordre de quelques secondes à quelques dizaines de secondes pour les séismes, celui-ci peut intervenir sur plusieurs heures, voire plusieurs jours ou mois pour les séismes lents. La durée du chargement des contraintes, avant leur libération, est en revanche réduite dans le cas des séismes lents : de quelques mois à quelques années seulement, contre des dizaines d'années, voire des siècles pour les gros séismes. Bien que, à dimension de faille équivalente, les séismes lents permettent un moindre relâchement de contraintes que les séismes classiques, l'énergie ainsi libérée en douceur peut parfois être très importante : en Nouvelle-Zélande, de fréquents séismes lents, d'une durée de près d'une année et se répétant à intervalle régulier tous les cinq ans environ, libèrent chacun autant de contraintes que ne le ferait un séisme de magnitude 7 !

Conséquence appréciable de leurs glissements lents, et indépendamment de leur ampleur, les séismes lents n'émettent que de très faibles ondes sismiques. Ils sont par conséquent imperceptibles et n'occasionnent aucun dégât ! Ainsi, les séismes lents néo-zélandais relâchent-ils – sans que personne ne s'en aperçoive – plus de dix fois plus d'énergie que le séisme de Lambesc qui fit une cinquantaine de victimes en Provence en 1909.

En somme, beaucoup de différences qui conduisent de nombreux chercheurs à juger le terme de « séisme » inapproprié pour qualifier ces événements, et à lui préférer le terme de « Slow Slip Event » (SSE), pour « épisode de glissement lent ».

Des séismes « silencieux » longtemps restés invisibles

N'émettant pas d'ondes sismiques, les séismes lents sont donc de prime abord indétectables par les sismomètres, ce qui leur a un temps valu le qualificatif de « séismes silencieux ». Ils sont par conséquent longtemps restés inaperçus et n'ont que récemment été découverts, grâce notamment à l'installation de réseaux terrestres de GPS permettant la prise de mesures de déplacement en continu, avec une extrême précision. Au Mexique, par exemple, les données géodésiques (mesures des déplacements de la Terre) quotidiennes ont permis de détecter des mouvements nord-sud qui changeaient de sens approximativement tous les trois-quatre ans. Des phénomènes complexes, jusqu'alors indécelables par des relevés ponctuels bien plus espacés, venaient d'être mis au jour : les glissements lents le long de failles.

Désormais forts d'une quinzaine d'années d'accumulation d'observations relatives aux séismes lents, les chercheurs commencent à avoir une idée plus précise des zones sujettes à cet étrange phénomène. Les premières observations ont été réalisées au niveau de la faille californienne de San Andreas, l'une des plus surveillées au monde, grâce à des capteurs de contraintes installés dans des puits de forage. Cependant, très peu de séismes lents ont été documentés à terre, peut-être en raison de leur taille trop petite pour les observer. C'est au contraire au niveau de zones de subduction, là ou une plaque océanique – plus dense – plonge sous une plaque continentale, qu'a été observée la majeure partie des séismes lents recensés à ce jour : au Canada au niveau de la chaîne des Cascades, au Japon, au Mexique, au Costa Rica, en Nouvelle-Zélande, en Équateur, etc.

Rétrospectivement, maintenant que le phénomène de séisme lent est clairement identifié, d'autres manifestations de leur existence s'accumulent, en plus de celles relevées avec les seules mesures de déplacements effectuées à l'aide des GPS. Ainsi, les scientifiques interprètent-ils désormais l'apparente « invisibilité » de la zone de subduction observée au sud du Mexique, par l'existence de séismes lents. En effet, c'est traditionnellement la localisation de l'épicentre des séismes en profondeur qui permet de se représenter la géométrie des zones de subduction, les séismes s'alignant parfaitement le long de plans inclinés correspondant à la plaque plongeante *subductée* qui se casse en mille morceaux. Alors que ces séismes permettent le plus souvent de « dessiner » la subduction jusqu'à des profondeurs de plusieurs centaines de kilomètres, dans le cas du sud du Mexique, très peu de séismes sont enregistrés au-delà de 150 km de profondeur : c'est que la plaque n'y « casse » plus sous la forme de séismes, mais y « glisse » de manière asismique dans une relative douceur…

En outre, l'idée d'une absence d'émission d'ondes sismiques ne s'avère pas tout à fait exacte. Certains séismes lents peuvent être accompagnés d'une *micro-sismicité* (très petits séismes détectables par les sismomètres). Ils sont aussi souvent accompagnés de *tremors*, sorte de petits crépitements qui résultent de cassures de très faible amplitude générant de légères ondes. À la différence de la *micro-sismicité*, les *tremors* ne peuvent cependant pas être détectés directement par les sismomètres, et ce n'est que la comparaison fine entre différents enregistrements effectués simultanément au niveau de plusieurs stations sismologiques qui permet de les démasquer. Souvent localisés aux mêmes endroits et plus faciles à détecter, les *tremors* pourraient donc servir de marqueurs pour repérer les séismes lents...

En profondeur, les séismes lents se situent généralement dans une partie de la faille dite « en transition » : entre la partie bloquée – qui générera des tremblements de terre – et la partie en glissement stable, sous 100 km, où la plaque lithosphérique plonge dans le manteau à une vitesse régulière. Dans certaines régions cependant, des séismes lents ont clairement été repérés au sein même de la zone superficielle *sismogène* où surviennent les séismes, ce qui constitue une donnée importante qui suggère que l'occurrence d'un séisme lent pourrait avoir un effet direct (mais lequel ?) sur le risque de survenue de tremblements de terre.

Une origine encore incertaine…

La question de l'origine même des séismes lents reste également mystérieuse. Contrairement aux grands séismes dont les périodes de retour importantes (de 10 à 1 000 ans, voire plus) permettent l'accumulation élastique de contraintes sur les parties bloquées des failles, par la suite relâchées en quelques secondes ou minutes lorsqu'un point de rupture est atteint, les séismes lents semblent s'initier spontanément, sans processus déclencheur clair. Certains chercheurs pensent cependant que de très faibles perturbations de contraintes pourraient en être à l'origine, provoquées par exemple par le phénomène des marées océaniques ou la survenue d'un séisme lointain. Une autre hypothèse plaide en faveur du rôle déterminant de la nature géologique des roches, des formations riches en silice pouvant par exemple favoriser des glissements asismiques. Mais de très nombreux paramètres pourraient en fait intervenir, tant les zones de subductions sont des zones complexes où des changements physico-chimiques sont à l'œuvre du fait des hautes conditions de pression et de température qui y règnent.

L'hypothèse qui semble aujourd'hui la plus robuste est celle d'un lien entre la pression des fluides et la vitesse de glissement, comme tend à le confirmer le fait que les séismes lents découverts à ce jour se situent pour l'essentiel au niveau de zones de subduction relativement jeunes, qui sont plus susceptibles de libérer de grandes quantités d'eau en profondeur.

La tectonique des plaques revisitée

Bien que récente, l'observation de ces phénomènes remet déjà plusieurs consensus scientifiques en question. Depuis les années 1960, il est ainsi admis qu'au cours de longues et calmes périodes de temps, des failles accumulent des contraintes, pour se débloquer brusquement sous forme de tremblements de terre. Cette vision reste, semble-t-il, acceptable à l'échelle de millions d'années. Mais nombre de scientifiques la jugent désormais limitative à l'échelle de quelques centaines d'années où se produisent donc, en plus des séismes à proprement parler, des séismes lents qui pourraient permettre à une partie significative des glissements de failles de se faire de manière asismique. Une région d'apparence calme pourrait ainsi ne pas être pour autant dénuée d'activité sismique significative. Le phénomène d'accumulation et de relâchement des contraintes au niveau des failles paraît bien plus complexe que supposé.

Beaucoup reste à découvrir sur les séismes lents qui demeurent difficiles à observer, à caractériser et à cartographier, d'autant plus que les zones de subduction où ils se concentrent de manière privilégiée s'étalent sur des centaines de kilomètres sous nos pieds... Plusieurs instrumentations novatrices sont à l'étude, comme le GPS fond de mer, l'inclinomètre ou encore l'interférométrie radar satellitaire, avec leurs limites respectives. Autre défi : le traitement massif des millions de données recueillies. Voici de véritables challenges scientifiques et technologiques à relever pour espérer obtenir une vision plus claire des séismes lents à travers le monde et, de surcroît, pour peut-être mieux appréhender le risque sismique.

5 Conclusion

Comme chaque objet d'étude, le séisme est un sujet à tiroir dont on n'a jamais fini de faire le tour, et qui ne cesse de surprendre par sa diversité et sa richesse. Qu'on le prenne par l'angle du « risque sismique », et l'on est obligé de s'intéresser à la fois à la compréhension du phénomène, aux mécanismes qui font que certains bâtiments sont vulnérables et d'autres pas, à l'acceptation ou au contraire à l'aversion au risque de nos sociétés, etc. Que l'on préfère l'aborder sous l'angle plus « aride » de la phénoménologie, et l'étude des failles nous mènera naturellement à nous intéresser au long cheminement scientifique qui nous a permis, au fil des siècles, de comprendre les mécanismes à l'œuvre, et à s'interroger sur la sismicité des autres planètes qui nous entourent.

En choisissant les quatorze chapitres qui constituent ce livre, j'ai donc dû renoncer à beaucoup d'autres. Il ne s'agit pas d'oublis mais plutôt d'élusions, comme d'innombrables pages blanches à compléter aussi longtemps que notre curiosité nous amènera à nous poser de nouvelles questions sur les tremblements de notre Terre. Voyons, les interrogations ne manquent pas : « Est-il possible de dévier les ondes sismiques ? », « Comment fonctionne l'organisation des secours en cas de séisme ? », « Que peut-on bien faire des quantités énormes de gravats générées par les séismes ? », « Les nouvelles technologies offrent-elles des opportunités pour mieux comprendre ou se prémunir des séismes ? », etc. Mais... Que lis-je dans les actualités ? L'Indonésie envisagerait de transférer sa capitale vers Bornéo, à l'un des motifs de la forte exposition de sa capitale actuelle, Jakarta, aux risques naturels (dont le risque sismique). Ajoutons donc une toute dernière question pour la route : « Quelles implications des séismes en politique ? »

Restons donc résolument curieux, et continuons à interroger notre environnement sous tous les angles possibles et imaginables. Puisse la lecture de ce livre avoir alimenté votre curiosité.

6 Remerciements

Mes premiers remerciements se tournent naturellement vers Eric qui m'accompagne de ses dessins depuis plusieurs années, et qui a été un allié fidèle pour ce projet. Un très grand merci également aux trois journalistes scientifiques avec qui j'ai eu plaisir à collaborer pour l'écriture des dossiers du site *planseisme.fr*, et dont certains des textes m'ont été fort utiles pour écrire ce livre : Carole Lembezat, Andréa Haug et Stéphanie Seysen.

Je suis très reconnaissant à Magalie pour sa patience et sa relecture critique et constructive du manuscrit. Merci également aux membres des « Comités éditoriaux » qui ont au fil des ans relu les premières moutures des sujets présentés ici, sans présumer qu'ils donneraient un jour lieu à un livre.

Enfin, mes pensées amicales à Frédéric Simien, qui a si longtemps accompagné avec bienveillance et conseils avisés la naissance de ce projet, sans avoir pu le mener à son terme : c'est aujourd'hui chose faite.

Table des matières

SCIENCES DE LA TERRE (GÉOLOGIE, CLIMATOLOGIE, HYDROLOGIE...)

AUX ÉDITIONS L'HARMATTAN

Dernières parutions

DE L'ANTARCTIQUE AUX ESPACES INTERSTELLAIRES
Les bactéries du froid
Yvon Michel-Briand
L'exploration de l'Arctique et de l'Antarctique fascine encore l'homme avide de découvrir des territoires toujours vierges. Des bactéries de l'extrême ont été isolées de sol à -10°C datant de 500.000 ans. Ces bactéries ont un rôle important dans l'effet de serre. Les enzymes de ces cellules ont acquis une certaine souplesse pour rester actives. La découverte de ces bactéries installées dans des conditions de vie glaçantes a rendu plus crédible la recherche d'une vie en dehors de la Terre.
(204 p., 21,5 euros)
ISBN : 978-2-343-15820-4, EAN EBOOK : 9782140107740

LES MAÎTRES DE L'EAU
Francesco Masala
Traduit de l'italien (Sardaigne) par Claude Schmitt
Comme la nature ne l'a pas répartie équitablement, l'eau a toujours été un enjeu de pouvoir. Ce bien, qui devrait être commun, qui devrait être une eau libre, a de tout temps constitué une occasion de conflits entre les hommes. L'exemple de la Sardaigne nous montre que depuis la nuit des temps des hommes se sont déclarés les « maîtres » de cette eau, qu'ils l'aient sacralisée ou tout simplement privatisée. Ce n'est que par une gestion rationnelle et démocratique qu'elle pourra servir à étancher la soif des hommes et des champs.
(80 p., 11,5 euros)
ISBN : 978-2-343-16065-8, EAN EBOOK : 9782140107085

CHANGEMENTS CLIMATIQUES ET SAVOIRS LOCAUX
Paix, résilience et développement intégré au Mandé (Mali)
Bakary Toumanion, Sergio Giani
Préface de Mandjou Yattara
Dans ce 2e numéro des « Cahiers de FESCAURI » sont publiées les contributions des différents experts qui ont participé à la conférence-débat : Savoir local, paix et développement. Bakary Toumanion a exposé ses réflexions sur la transition écologique et la dynamique sociale au Mandé. Sergio Giani et Rokia Sanogo ont analysé les relations entre dérégulation du climat, la santé de la communauté et les ressources de la médecine traditionnelle. Souleymane Dolo a souligné la place de la femme dans la société du Mandé et le savoir local qu'elle a su développer...
(Coll. Harmattan Mali, 218 p., 22,5 euros)
ISBN : 978-2-343-16239-3, EAN EBOOK : 9782140105654

MISE EN VALEUR DES AMÉNAGEMENTS HYDRO-AGRICOLES DU BASSIN DE L'ANAMBÉ

Aliou Baldé

La péjoration climatique qui sévit dans la région soudano-sahélienne a remis en cause l'efficacité des méthodes culturales traditionnelles entraînant un important exode rural. Dès lors, l'irrigation s'avère indispensable pour limiter les effets de la sécheresse. C'est dans contexte qu'elle a été introduite dans le bassin de l'Anambé. Après 40 ans d'expérience et malgré les énormes potentialités agro-économiques du bassin et les gros investissements réalisés par l'Etat, les résultats sont décevants. Cet ouvrage cherche à expliquer ce paradoxe et à proposer des solutions efficaces et durables.

(Coll. Harmattan Sénégal, 436 p., 40 euros)

ISBN : 978-2-343-14400-9, EAN EBOOK : 9782140097836

L'AFRIQUE UN CONTINENT AUX RESSOURCES MINIÈRES EXCEPTIONNELLES

Abel Renaud Eba

Dans le but de confirmer l'importance géopolitique et économique de l'Afrique et le caractère géostratégique de ses minerais, ce livre met en évidence l'énorme potentiel minier de l'Afrique tout en faisant le lien avec les questions de développement typiques de ce continent.

(396 p., 39 euros)

ISBN : 978-2-343-13821-3, EAN EBOOK : 9782140087745

LE PÉRIL DE LA POLLUTION SUR LE FLEUVE NIGER

Sidy Ba

Cet ouvrage est consacré à l'examen des différents types de pollution sur le fleuve Niger, ainsi qu'à leurs conséquences, soit connues et visibles, soit plus subtiles et insoupçonnées, mais tout aussi dangereuses. Il apporte des éclaircissements scientifiques sur les mécanismes de contamination de divers types de polluants et leur impact sur les espèces animales et végétales. L'auteur propose quelques pistes de solution pour prévenir, limiter et réduire la pollution grandissante du fleuve Niger.

(Coll. Études africaines, 170 p., 17,5 euros)

ISBN : 978-2-343-13652-3, EAN EBOOK : 9782140059520

HISTOIRE DU CLIMAT EN FRANCHE-COMTÉ

du Jurassique à nos jours

Collectif

L'évolution du climat est assurément parmi les questions les plus importantes du XXIe siècle. Si les auteurs font la part belle à la Franche-Comté dans ce livre, ils n'occultent pas les grandes tendances climatiques touchant la planète entière. Le lecteur découvrira ainsi les résultats les plus récents et pourra reconstituer l'histoire climatique des 500 derniers millions d'années de la Franche-Comté

Editions du Belvédère (240 p., 23 euros)

ISBN : 978-2-88419-384-9, EAN EBOOK : 9782140059520

THE ANISOTROPY OF SPACE

The necessary revision of certain postulates of contemporary theories

Maurice Allais

English translation by Thomas J. Goodey, René Verreault, Arjen Dijksman

Maurice Allais' passion for physics is older than his passion for economics. He declared having devoted a quarter of his time to physics. The results of his work and his experience in this field are entirely original. This work is based on new experimental data in four fields considered a priori as very different, although in close relation with each other: - observations on the paraconical pendulum with anisotropic support and with isotropic support; - observations on the optical deviations of sightings at marks and at collimators; - the regularities characterizing the optical observations of Esclangon and not perceived by him; - the regularities characterizing the interferometric observations of Dayton C. Miller and not perceived by him. The questioning of modern theories, both of classical theories and of the theory of relativity, has provoked, as could be suspected, fierce opposition. But in physics as in economics, Maurice Allais has an absolute principle: «All real progress in our knowledge can only be based upon data from experiment».

(720 p., 60 euros)

ISBN : 978-2-343-16870-8, EAN EBOOK : 9782140121999

L'HOMÉOPATHIE DE SAMUEL HAHNEMANN À LUC MONTAGNIER

Mémoire de l'eau, placebo et molécules virtuelles

Jean-Jacques Aulas

Les produits homéopathiques sont classés par une unité CH correspondant à une dilution centésimale d'une solution mère. Pour corroborer une biochimie avec des molécules virtuelles, Benveniste fera des « expériences ». Les résultats de ces expériences seront fortement contestés par l'ensemble de la communauté scientifique pour manque de rigueur. C'est dans cette perspective que les auteurs ont passé au crible les travaux expérimentaux de Benveniste et Montagnier et sont arrivés à l'hypothèse que les artefacts observés sur une supposée mémoire de l'eau sont, en fait, liés à la présence d'oxygène dans les solutions étudiées.

(224 p., 20 euros)

ISBN : 978-2-343-16517-2, EAN EBOOK : 9782140121357

ETHOLOGIE DE LA CAMPAGNE PRESIDENTIELLE 2017

Dominique Godard

La perspective évolutionniste proposée par l'éthologie humaine permet de concevoir, une base neurophysiologique qui engage davantage que le discours des porte-paroles d'un groupe social. Les comportements spontanés et furtifs, sont saisis par l'image, ils sont perçus, compris, interprétés, par celui qui les observe. Chacun possède une grille de décodage, qui nous permet d'exister au quotidien parmi nos contemporains. La campagne 2017 sur le pan éthologique présente une particularité : la prime à l'agressivité comportementale, qui semble s'estomper au profit d'une concorde mieux appréciée.

(Coll. Questions contemporaines, 118 p., 14 euros)

ISBN : 978-2-343-17245-3, EAN EBOOK : 9782140119651

DE LA PROSPECTION AU MARTEAU À LA MÉTALLOGRAPHIE PRATIQUE

Lokoho René Okitaudji

Destiné à tous les géologues, cet ouvrage vise à les aider dans l'organisation de leur travail de lever géologique sur le terrain. Il peut également faciliter une organisation du travail liée à la préparation des échantillons et à leur analyse. Enfin, il peut s'avérer utile pour une interprétation plus globale et permettre au géologue d'envisager ou d'élaborer des théories ou des modélisations qui pourraient s'intégrer dans les visions de la congruence (concordance) ou de l'incongruence (non concordance) des corps minéralisés et des corps non minéralisés.

(212 p., 21,5 euros)

ISBN : 978-2-343-16275-1, EAN EBOOK : 9782140119309

THE POLLUTION PERIL OF THE NIGER RIVER

Sidy Ba

This book examined the different types of pollution of the Niger River, as well as their consequences, known and visible, subtler and more unsuspected, but all as perilous. This book on the pollution peril brings scientific clarifications on the mechanisms of contamination of various types of pollutants and their impact on animal and plant species. The author proposes some possible solutions to prevent, limit and reduce the growing pollution of the Niger River.

(Coll. Études africaines, 162 p., 15,5 euros)

ISBN : 978-2-343-17144-9, EAN EBOOK : 9782140116636

ARCHÉOLOGIE ET ARCHITECTURE TRADITIONNELLE EN AFRIQUE DE L'OUEST

Le cas des revêtements de sols au Togo

Une étude comparée

Dola Angèle Aguigah

Préface de Jean-Baptiste Kiethega

Ce livre porte sur l'organisation de l'espace dans l'architecture traditionnelle en Afrique. Il étudie, d'un point de vue scientifique, les pavements et terres damées dans les régions du golfe du Bénin. Il s'agit d'un travail de terrain de longue haleine, confronté aux découvertes des chercheurs durant les quatre dernières décennies. Cet ouvrage étudie les revêtements de sol dans l'espace habité, depuis l'Afrique centrale autour du lac Tchad, jusqu'en Afrique de l'Ouest dans le golfe de Guinée. La période concernée s'étend du VIè au XXIè siècle.

(Coll. Histoire Africaine, 286 p., 31 euros)

ISBN : 978-2-343-15637-8, EAN EBOOK : 9782140105920

FLORE ET FAUNE DU NIGER ET DES PAYS VOISINS

Ibrahim Najada

Cet ouvrage présente plus de 370 espèces d'animaux et de plantes, qui permettent de mieux comprendre la faune et la flore du Niger et des pays limitrophes. Comblant un vide dans plusieurs disciplines, les chercheurs y trouveront des réponses appropriées aux multiples interrogations qui touchent l'environnement dans un contexte sahélien (nombreuses photos couleur).

(284 p., 45 euros)

ISBN : 978-2-343-14189-3, EAN EBOOK : 9782140095818

Structures éditoriales du groupe L'Harmattan

L'Harmattan Italie
Via degli Artisti, 15
10124 Torino
harmattan.italia@gmail.com

L'Harmattan Hongrie
Kossuth l. u. 14-16.
1053 Budapest
harmattan@harmattan.hu

L'Harmattan Sénégal
10 VDN en face Mermoz
BP 45034 Dakar-Fann
senharmattan@gmail.com

L'Harmattan Cameroun
TSINGA/FECAFOOT
BP 11486 Yaoundé
inkoukam@gmail.com

L'Harmattan Burkina Faso
Achille Somé – tengnule@hotmail.fr

L'Harmattan Guinée
Almamya, rue KA 028 OKB Agency
BP 3470 Conakry
harmattanguinee@yahoo.fr

L'Harmattan RDC
185, avenue Nyangwe
Commune de Lingwala – Kinshasa
matangilamusadila@yahoo.fr

L'Harmattan Congo
67, boulevard Denis-Sassou-N'Guesso
BP 2874 Brazzaville
harmattan.congo@yahoo.fr

L'Harmattan Mali
Sirakoro-Meguetana V31
Bamako
syllaka@yahoo.fr

L'Harmattan Togo
Djidjole – Lomé
Maison Amela
face EPP BATOME
ddamela@aol.com

L'Harmattan Côte d'Ivoire
Résidence Karl – Cité des Arts
Abidjan-Cocody
03 BP 1588 Abidjan
espace_harmattan.ci@hotmail.fr

L'Harmattan Algérie
22, rue Moulay-Mohamed
31000 Oran
info2@harmattan-algerie.com

L'Harmattan Maroc
5, rue Ferrane-Kouicha, Talaâ-Elkbira
Chrableyine, Fès-Médine
30000 Fès
harmattan.maroc@gmail.com

Nos librairies en France

Librairie internationale
16, rue des Écoles – 75005 Paris
librairie.internationale@harmattan.fr
01 40 46 79 11
www.librairieharmattan.com

Lib. sciences humaines & histoire
21, rue des Écoles – 75005 Paris
librairie.sh@harmattan.fr
01 46 34 13 71
www.librairieharmattansh.com

Librairie l'Espace Harmattan
21 bis, rue des Écoles – 75005 Paris
librairie.espace@harmattan.fr
01 43 29 49 42

Lib. Méditerranée & Moyen-Orient
7, rue des Carmes – 75005 Paris
librairie.mediterranee@harmattan.fr
01 43 29 71 15

Librairie Le Lucernaire
53, rue Notre-Dame-des-Champs – 75006 Paris
librairie@lucernaire.fr
01 42 22 67 13

www.ingramcontent.com/pod-product-compliance
Lightning Source LLC
LaVergne TN
LVHW021237061026
849535LV00008B/3105

* 9 7 8 2 3 4 3 1 8 4 5 4 8 *